Daniele Gasparri

Primo incontro con
la fotografia astronomica

Copyright © 2017 Daniele Gasparri
ISBN: 978-1981237531

Questa opera è protetta dalla legge sul diritto d'autore. Tutti i diritti, in particolare quelli relativi alla ristampa, traduzione, all'uso di figure e tabelle, alla citazione orale, alla trasmissione radiofonica o televisiva, alla riproduzione su microfilm o in database, alla diversa riproduzione in qualsiasi altra forma, cartacea o elettronica, rimangono riservati anche nel caso di utilizzo parziale. La riproduzione di questa opera, o di parte di essa, è ammessa nei limiti stabiliti dalla legge sul diritto d'autore.

In copertina, fronte: L'ammasso aperto delle Pleiadi (M45), avvolto da una tenue nebulosità, è uno dei soggetti più belli da fotografare, anche con piccoli teleobiettivi. Un risultato del genere, tuttavia, rappresenta un punto di arrivo per l'astro-fotografo. I primi scatti saranno molto diversi. Obiettivo da 200 mm f4, camera CCD a colori SBIG ST-2000XCM. Somma di 31 scatti da 10 minuti ciascuno. 23 ottobre 2017.
Retro: La via Lattea estiva fotografata dal Bryce Canyon il 24 agosto 2017. Singola posa da 20 secondi a 3200 ISO. Fotocamera Sony A7s, obiettivo da 28 mm f2.8. Da cieli molto scuri, anche con camere fotografiche entry level, la Via Lattea è spettacolare già con pochi secondi di posa.

Revisione testo: Dana Biasco.

Prefazione

La fotografia astronomica. Croce e delizia di ogni appassionato di astronomia. Odio e amore, dolce e amaro, soddisfazioni enormi e terribili delusioni, passione e ossessione.

Quante notti ho trascorso cercando di fotografare tutte quelle meraviglie che ci sono lassù, a partire da un centinaio di chilometri dalle nostre teste. Quante giornate passate a pensare a cosa avrei potuto vedere la sera. Ho trascorso gran parte della mia vita cercando di fotografare il cielo e gran parte della mia gioia deriva da sonori fallimenti. Sono felice, perché arrivato al culmine di un percorso durato 25 anni che mi ha insegnato tante cose dell'Universo e moltissime ancora sulla vita. Un percorso nel quale ho appreso l'arte della pazienza, dello studio, della determinazione, della cocciutaggine. Ho assaporato il gusto amaro del fallimento che mi ha dato i necessari anticorpi per rialzarmi più forte di prima e afferrare quei rari momenti di successo. Ho capito cosa significa meritocrazia, perché l'Universo è il posto più meritocratico che esiste: non accetta raccomandazioni, punisce le furbe scorciatoie, incoraggia chi si sente perso e ammonisce chi si sente già arrivato dopo aver compiuto appena un passo.

Ho iniziato a fare fotografia astronomica quando ero ancora alle scuole elementari. Isolato in un mondo che ancora non conosceva internet, in una campagna distante decine di chilometri dalla città, ho provato a scalare la montagna con le mie forze, ma non erano sufficienti. Dovetti aspettare l'arrivo in città, che coincise con l'arrivo della pubertà. Mentre i miei coetanei erano afflitti dai soliti problemi adolescenziali, io fremevo per riuscire a catturare le immagini dell'Universo.

Il destino volle che quando riuscii a capirci qualcosa tutto cambiò. Era ormai il nuovo millennio e d'improvviso la fotografia come la conoscevo si estinse. Il digitale sconvolse tutto: tecniche diverse, strumenti differenti, obiettivi rivoluzionati.

Ricominciai da zero, ma questa volta ero insieme a tutti gli altri astrofotografi del pianeta che si sono dovuti rimettere in gioco sperimentando nuove tecniche, strumenti, accessori e risultati.

L'arrivo del digitale è stato forse la mia salvezza, perché ha aperto un mondo molto più facile e spettacolare di fronte a noi. Adesso, a distanza di qualche lustro, la fotografia astronomica fatta con mezzi amatoriali produce risultati che a volte sono persino più spettacolari, a livello di colori e contrasti, di quelli ottenuti dagli osservatori professionali. I freddi bit del digitale hanno regalato a migliaia di appassionati le emozioni indescrivibili di un Universo che di colpo è esploso in tutti i suoi colori, in tutti i suoi contrasti, in tutte le sue infinite sfumature. Quella passione si è trasformata in un'ossessione, in una missione di vita che mi ha permesso di esplorare i luoghi più incredibili dell'Universo, senza mai lasciare questo pianeta. Che fortuna meravigliosa!

Riguardando indietro il mio interminabile percorso, mi sono accorto che nel panorama italiano mancava una guida rapida e chiara di introduzione alla fotografia astronomica che in pochi anni è diventata sempre più complessa, ambiziosa ed esigente, ma anche accessibile.

Questo libro, allora, vuole andare a colmare quel vuoto che si crea in ogni appassionato di astronomia, quando si fa la fatidica domanda: "da dove inizio a fotografare il cielo?" Ho già pubblicato due generosi volumi, uno dedicato solo alla fotografia dei pianeti e l'altro alla fotografia a lunga posa, ma riguardandoli mi sono reso conto di una cosa: sono più di 800 pagine che, probabilmente, scoraggerebbero qualunque appassionato ancora non convinto del percorso da intraprendere. Questo libro, quindi, vuole essere una guida rapida che porti il lettore subito sul campo, prima di imparare noiose nozioni tecniche che riguardano la strumentazione e l'elaborazione delle immagini. Per quello ci sarà tempo. A volte, infatti, bisogna buttarsi per imparare a nuotare. Alla domanda: "da dove inizio a fare foto?" si dovrebbe quindi rispondere: "dal cielo", partendo dal basso, con umiltà e determinazione, aiutandoci con i consigli di questa guida.

Daniele Gasparri
Dicembre 2017

Indice

Introduzione 1
   Le difficoltà e le aspettative 1
   La struttura di questo libro 3

1. Il primo approccio con la fotografia 5
   1.1   Cosa fotografare 5
   1.2   Perché 5
   1.3   Difficoltà 5
   1.4   Costo 5
   1.5   Dove e quando 5
   1.6   Strumentazione 6
   1.7   Tecnica di ripresa 6
   1.8   Tecnica di stacking 7
   1.9   Elaborazione 7
   1.10 Errori più comuni 8
   1.11 Suggerimenti per migliorare 9
   1.12 Risultati ottenibili 9

2. Congiunzioni e costellazioni 11
   2.1   Cosa fotografare 11
   2.2   Perché 11
   2.3   Difficoltà 11
   2.4   Costo 11
   2.5   Dove e quando 12
   2.6   Strumentazione 12
   2.7   Tecnica di ripresa 13
   2.8   Tecnica di stacking 13
   2.9   Elaborazione 14
   2.10 Errori più comuni 15
   2.11 Suggerimenti per migliorare 16
   2.12 Risultati 16

3. Tracce stellari 19
   3.1   Cosa fotografare 19
   3.2   Perché 19
   3.3   Difficoltà 19
   3.4   Costo 19
   3.5   Dove e quando 20
   3.6   Strumentazione 20
   3.7   Tecnica di ripresa 21
   3.8   Tecnica di stacking 21
   3.9   Elaborazione 22
   3.10 Errori più comuni 23
   3.11 Suggerimenti per migliorare 24
   3.12 Risultati 24

4. Fotografia a grande campo e lunga posa 26
   4.1   Cosa fotografare 26
   4.2   Perché 26
   4.3   Difficoltà 26
   4.4   Costo 26
   4.5   Dove e quando 27
   4.6   Strumentazione 27
   4.7   Tecnica di ripresa 28
   4.8   Tecnica di stacking 29
   4.9   Elaborazione 29
   4.10 Errori più comuni 31
   4.11 Suggerimenti per migliorare 32
   4.12 Risultati 33

Approfondimento: *Elaboriamo insieme un'immagine a grande campo*..................35
5. Concetti generali di fotografia al telescopio..................**39**
    5.1   Un accenno alla tecnica di ripresa 40
    5.2   Scala dell'immagine o campionamento..................40
    5.3   Le caratteristiche delle fotocamere per la fotografia al telescopio 42
        5.3.1 Camere a colori e monocromatiche..................42
        5.3.2 Punti di forza veri e presunti..................43
6. Fotografia in alta risoluzione **45**
    6.1   Cosa fotografare..................45
    6.2   Perché..................45
    6.3   Difficoltà..................45
    6.4   Costo..................45
    6.5   Dove e quando..................45
    6.6   Strumentazione..................46
    6.7   Tecnica di ripresa..................48
    6.8   Tecnica di stacking..................49
    6.9   Elaborazione..................51
    6.10   Errori più comuni..................52
    6.11   Suggerimenti per migliorare..................52
    6.12   Risultati..................53
7. Concetti fondamentali della fotografia deep-sky..................**55**
    7.1   L'autoguida..................55
    7.2   Le Immagini di calibrazione..................60
8. Fotografia deep-sky con piccoli telescopi..................**63**
    8.1   Cosa fotografare..................63
    8.2   Perché..................63
    8.3   Difficoltà..................63
    8.4   Costo..................64
    8.5   Dove e quando..................64
    8.6   Strumentazione..................64
    8.7   Tecnica di ripresa..................66
    8.8   Tecnica di stacking..................69
    8.9   Elaborazione..................69
    8.10   Errori più comuni..................70
    8.11   Suggerimenti per migliorare..................72
    8.12   Risultati..................73
9. Fotografia deep-sky a lunga focale **74**
    9.1   Cosa fotografare..................74
    9.2   Perché..................74
    9.3   Difficoltà..................74
    9.4   Costo..................75
    9.5   Dove e quando..................75
    9.6   Strumentazione..................75
    9.7   Tecnica di ripresa..................78
    9.8   Tecnica di stacking..................79
    9.9   Elaborazione..................79
    9.10   Errori più comuni..................81
    9.11   Suggerimenti per migliorare..................83
    9.12   Risultati..................83
    Approfondimento: *Elaboriamo insieme un'immagine CCD monocromatica* 87
Bibliografia..................**91**
Biografia..................**92**

Introduzione

Osservare il cielo stellato, a occhio nudo o con un piccolo telescopio, è un'attività che a me piace molto perché porta a diretto contatto con l'Universo. Quando quei deboli fotoni, dopo aver viaggiato per migliaia, milioni o miliardi di anni, raggiungono il nostro occhio che ne interrompe il glorioso cammino, provo un'emozione difficile da descrivere, accompagnata da un senso di solenne rispetto per quelle impavide particelle di luce che hanno scelto me per terminare il loro viaggio epocale.

Purtroppo l'osservazione del cielo ha un grande limite: l'occhio. Poco sensibile, cieco ai colori, pieno di aberrazioni e con uno scarso potere risolutivo, il nostro apparato visivo di notte si trasforma in uno scadente sistema di raccolta della luce che ci fa percepire solo una minuscola parte di quello che potremmo osservare.

L'Universo è pieno di straordinari dettagli, incredibili colori, meravigliosi disegni. Non si trovano solo a miliardi di anni luce di distanza, ma sono ovunque intorno a noi, solo che vengono nascosti dalla nostra scarsa vista. Se l'occhio fosse abbastanza sensibile alle basse luci, il cielo ci apparirebbe pieno di trame tracciate da stelle e nebulose, che si mischiano in modo imprevedibile dando vita a disegni e tonalità che ora non riusciamo neanche a immaginare.

Per fortuna abbiamo inventato la fotografia astronomica. Attraverso questo strumento straordinario, possiamo compiere la magia di trasformare una cupola grigia in un immenso museo pieno di eccezionali opere d'arte. Attraverso la fotografia astronomica possiamo indagare a fondo il vero aspetto dell'Universo, almeno nella stretta porzione dello spettro elettromagnetico accessibile al nostro apparato visivo. Difficile credere che quello che vedono i nostri occhi attraverso una bella fotografia astronomica sia reale, eppure è così. Grazie alla fotografia astronomica possiamo costruire il nostro personale museo dell'Universo, collezionando le più belle e rare opere d'arte che ha concepito.

La fotografia astronomica è vecchia quanto la fotografia stessa, ma solo con l'avvento del digitale di massa, a partire dall'inizio del ventunesimo secolo, è diventata alla portata di tutti a livello economico e tecnico, offrendo risultati strabilianti.

I soggetti da fotografare sono migliaia, persino milioni. Dalle remote galassie, che spingono al limite le nostre capacità tecniche e intellettuali, fino agli avvicinamenti prospettici tra la Luna e i pianeti nel cielo del crepuscolo. Sono così tante le situazioni da imprimere nelle trame senza tempo della fotografia, che non basterà una vita per collezionarle tutte.

Le difficoltà e le aspettative

La fotografia astronomica è un'attività molto impegnativa che richiede passione smisurata, dedizione fuori dal comune, pazienza infinita e voglia di mettersi in gioco. Chi vuole ottenere belle fotografie del cielo deve comprendere che questo non può essere il capriccio di un fine settimana. Tutte le fotografie astronomiche, anche quelle che sembrano più semplici, hanno dietro la mano importante del fotografo, con il suo bagaglio di tecnica e conoscenza senza il quale diventa difficile persino fotografare la Luna piena. Non bisogna pensare che aprire il portafogli sia la soluzione a tutto; non c'è somma di denaro che possa comprare, o persino accelerare, il lungo percorso di pratica, studio e conoscenza richiesto per fare fotografia astronomica. Ecco perché quest'attività è considerata tra le più difficili, perché richiede qualità che la moderna società sta cercando di eliminare con ogni mezzo. Fare fotografia astronomica vuol dire prima di tutto imparare a pensare; avere piena coscienza dell'ambiente che ci circonda. Il resto lo faranno il tempo e la nostra testardaggine.

La madre di tutte le difficoltà, che scatena uno tsunami sempre più spaventoso mano a mano che ci si allontana nello spazio, è data dal fatto che tutti i soggetti astronomici, a parte la Luna, il Sole e qualche pianeta, sono milioni di volte più deboli di qualsiasi scena diurna. In questa frase è riassunta tutta la fotografia astronomica, perché tutto quello che faremo sarà combattere contro gli effetti, diretti e indiretti, della mancanza di luce.

Chi inizia a fotografare il cielo parte di solito con delle aspettative grandissime. Basta infatti osservare le fotografie che circolano in internet per cadere facilmente in questa trappola e pensare che già i primi scatti saranno spettacolari. Non è così: quello che osserviamo, come spesso accade, è frutto della distorsione della realtà. Noi vediamo quello che gli altri vogliono farci vedere. Non ci sarà nessuno che pubblicherà pessime foto, gli scatti buttati, sfocati, mossi, pieni di rumore. Non ci sarà nessuno che ci racconterà quanto tempo ha perso per fare una fotografia che non sembra neanche essere così eccezionale.

Le fotografie dei più bravi astrofotografi rappresentano un punto di arrivo al quale si tende portando all'infinito tutte le qualità richieste, un asintoto, direbbero i nostri amici matematici. Infinite prove, infiniti libri letti, infinito tempo messo a disposizione per padroneggiare la tecnica, infinita pazienza e infinita esperienza, perché non si finisce mai di imparare.

La fotografia astronomica, quindi, è un percorso di vita, intrapreso con umiltà e calma, partendo dal basso. Passo dopo passo, fallimento dopo fallimento, arriverà sempre quella piccola grande gioia di un successo. Al contrario della nostra società, l'Universo ripaga sempre chi merita e la fotografia astronomica è forse l'attività più meritocratica che potremo fare. Noi e l'immensità del Cosmo, Davide a cospetto di un gigantesco Golia, che però è un gigante severo e giusto, inflessibile ma riconoscente e mai disonesto. Non è una battaglia, è una sfida con noi stessi e con i nostri limiti. Quando finalmente riusciremo a ottenere belle fotografie astronomiche, capiremo che quegli straordinari corpi celesti sono la ricompensa che l'Universo ci offre per aver affrontato un percorso che ci ha migliorato come persone, anche e soprattutto nella vita di tutti i giorni. Fare fotografia astronomica è perseguire un obiettivo tanto ambizioso che la sua realizzazione cambia noi stessi, il modo di vedere il mondo e l'intera nostra esistenza.

Chi si aspetta risultati strabilianti subito, senza neanche finire di leggere l'introduzione, presto si ricrederà. C'è però una buona notizia: entrambe le serie di immagini riportate nella figura sono state scattate dall'autore e con gli stessi strumenti! Solo che le tre foto in alto sono state scattate rispettivamente, da sinistra a destra, dopo 18 anni, 16 anni e appena 12 anni dopo quelle della serie in basso. Lo scopo di questo libro è, si spera, accorciare notevolmente i tempi necessari per ottenere ciò che vogliamo. Ma all'inizio si parte sempre dalla serie in basso, senza eccezioni.

La struttura di questo libro

Questo libro è stato scritto con un unico intento: proporre al lettore una guida chiara e rapida che lo conduca sul giusto percorso. Una guida che metta in evidenza il modus operandi, le priorità e le difficoltà della fotografia astronomica. Parlando ancora di distorsione della realtà, c'è la convinzione diffusa che la fotografia astronomica moderna sia un esercizio di Photoshop: chi sa usare meglio i programmi di fotoritocco ottiene le foto più belle. Non c'è convinzione più sbagliata. La fase di elaborazione di una fotografia astronomica è l'analogo digitale delle vecchie fasi di sviluppo delle pellicole e per questo motivo dovrebbe solo estrarre al meglio il lavoro che è stato fatto sul campo, durante la ripresa.

Non c'è dubbio che alcune persone, spesso provenienti dal mondo della fotografia artistica, credano che la fotografia astronomica sia solo una questione di elaborazione. Questi elementi si riconoscono perché trascorrono molto più tempo di fronte al computer che sotto al cielo a catturare fotoni. Le loro fotografie sono spesso ottenute con strumenti non all'altezza (ad esempio reflex professionali da migliaia di euro. Vedremo che queste sono spesso un inutile spreco di denaro!) e mostrano tutte i segni di una manipolazione artistica che non c'entra nulla con la fotografia del cielo.

La fotografia astronomica non è una rappresentazione artistica personale dell'Universo. Se cerchiamo questo, possiamo risparmiare tempo, energie e denaro fotografando scene terrestri e ridisegnandole con Photoshop. La fotografia astronomica è una fedele rappresentazione dei corpi celesti dell'Universo, tenendo presenti i limiti della strumentazione utilizzata. Con Photoshop potremo creare dettagli in una nebulosa più fini di quelli che riesce a riprendere il telescopio spaziale Hubble, ma questa non è più fotografia astronomica.

Una fotografia del cielo si crea sul campo, spesso in zone impervie, isolate e spaventose di notte, perché quasi sempre è richiesto un cielo molto scuro, lontano decine di chilometri dalle affollate città piene di luci gettate verso l'alto. Questo è il punto fondamentale che viene evidenziato nel libro: la tecnica di preparazione e di scatto. Migliore sarà questa fase, minore sarà l'intervento in fase di elaborazione necessario per correggere, spesso con pessimi risultati, eventuali errori.

La fotografia astronomica è anche un campo molto vasto che, in base a quello che si vuole immortalare, prevede strumenti, tecniche e impegni differenti. Spesso i vari settori della fotografia astronomica sono l'uno propedeutico all'altro.

La struttura di questo libro si focalizza proprio sul percorso che ogni appassionato dovrebbe affrontare quando inizia la scalata. Sono presentati sette progetti secondo uno schema chiaro e sintetico, che guidano il lettore attraverso i passi necessari per ottenere i primi, emozionanti, scatti. Si parte dalle situazioni più facili che non richiedono nemmeno una fotocamera, poi si cresce, fino ad arrivare al culmine del percorso con la fotografia di oggetti piccoli e remoti, come le galassie. Come il tragitto di un autobus, non c'è bisogno che tutti scendano al capolinea. In base ai propri obiettivi, alla voglia, alla disponibilità di tempo e di denaro, ognuno può scendere alla fermata che vuole e godersi comunque lo straordinario panorama dell'Universo. È però importante che tutti salgano alla prima fermata. Saltare le tappe perché ci si sente più intelligenti degli altri non farà altro che aumentare il fragoroso frastuono della nostra delusione. Non c'è fretta. L'Universo è lassù da quasi 14 miliardi di anni e non andrà da nessuna parte per molto, molto tempo ancora.

1. Il primo approccio con la fotografia

La Luna fotografata con uno smartphone Samsung Galaxy S6 Edge all'oculare di un telescopio da 235 mm di diametro.

1.1 Cosa fotografare

Gli oggetti brillanti al telescopio, principalmente la Luna, il Sole, ma solo con un opportuno filtro solare, Giove e Saturno, avvicinando l'obiettivo di una fotocamera all'oculare del telescopio.

1.2 Perché

Quelli appena elencati, in particolare la Luna, sono gli oggetti più luminosi del cielo e quindi più semplici da fotografare. Con questa prima esperienza, molto economica, capiremo se la fotografia astronomica è una passione solida o il capriccio di una sera.

1.3 Difficoltà

Molto bassa:
- Trovare la giusta distanza tra la fotocamera e l'oculare.

1.4 Costo

Nullo, se si ha a disposizione una qualsiasi macchina fotografica, compresa quella di uno smartphone, e se il telescopio lo prendiamo in prestito durante qualche serata osservativa pubblica organizzata dalle numerose associazioni di astrofili, presenti in tutto il territorio italiano.

1.5 Dove e quando

Ogni sera serena in cui il soggetto da fotografare, quasi sempre la Luna, è alto sull'orizzonte almeno 30°. Per il nostro satellite bisogna evitare le nottate di plenilunio, quando i contrasti sono bassi e le foto risulterebbero piatte. Molto meglio nei giorni a cavallo del primo e ultimo quarto.

1.6 Strumentazione

Fotocamera digitale, qualsiasi. Ottime sono le fotocamere degli smartphone. Serve anche un telescopio dotato di oculare e di una montatura motorizzata, che non dobbiamo necessariamente possedere. Per capire se la fotografia astronomica fa per noi, basta prendere in prestito uno strumento per un paio di minuti, il tempo richiesto per iniziare a fare qualche interessante scatto.

1.7 Tecnica di ripresa

Questo tipo di fotografia, detto anche in afocale, prevede di avvicinare l'obiettivo della fotocamera all'oculare del telescopio, al posto del nostro occhio. La tecnica di ripresa, quindi, è molto semplice:

1) Inserire un oculare dal grande campo e basso ingrandimento, non oltre le 100 volte, almeno all'inizio;

2) Mettere a fuoco l'immagine guardandola direttamente dall'oculare;

3) Avvicinare la fotocamera all'oculare. Assicurarsi che l'obiettivo sia in asse. Fare piccoli movimenti avanti e indietro per trovare la giusta distanza affinché sullo schermo compaia, ben visibile, la sagoma della Luna, o del soggetto inquadrato. Questa è critica. Qualche millimetro fuori asse o troppo vicino e sullo schermo non si vedrà nulla;

4) Trovata la giusta distanza, mantenendo ferma la mano e senza toccare la messa a fuoco del telescopio, si effettuano degli scatti, inizialmente in modalità automatica. Se la Luna copre tutto il campo inquadrato, la fotografia sarà già ben bilanciata. Se otteniamo foto sovraesposte, invece, possiamo intervenire manualmente sull'esposizione e la sensibilità. Qualche prova sul campo ci farà capire subito quali sono le distanze e le impostazioni di scatto migliori;

5) Se vogliamo osare, possiamo dotarci di un supporto che colleghi la fotocamera al portaoculari, invece di sorreggerla a mano. In questo modo tutte le operazioni risulteranno più semplici e, invece di fare una foto sola, potremo fare almeno una decina di scatti, tutti uguali. Collezionare molti scatti dello stesso soggetto, da allineare e sovrapporre nella successiva fase di elaborazione, è uno dei pilastri su cui si basa la fotografia astronomica e consente di ottenere risultati di gran lunga migliori di una singola foto.

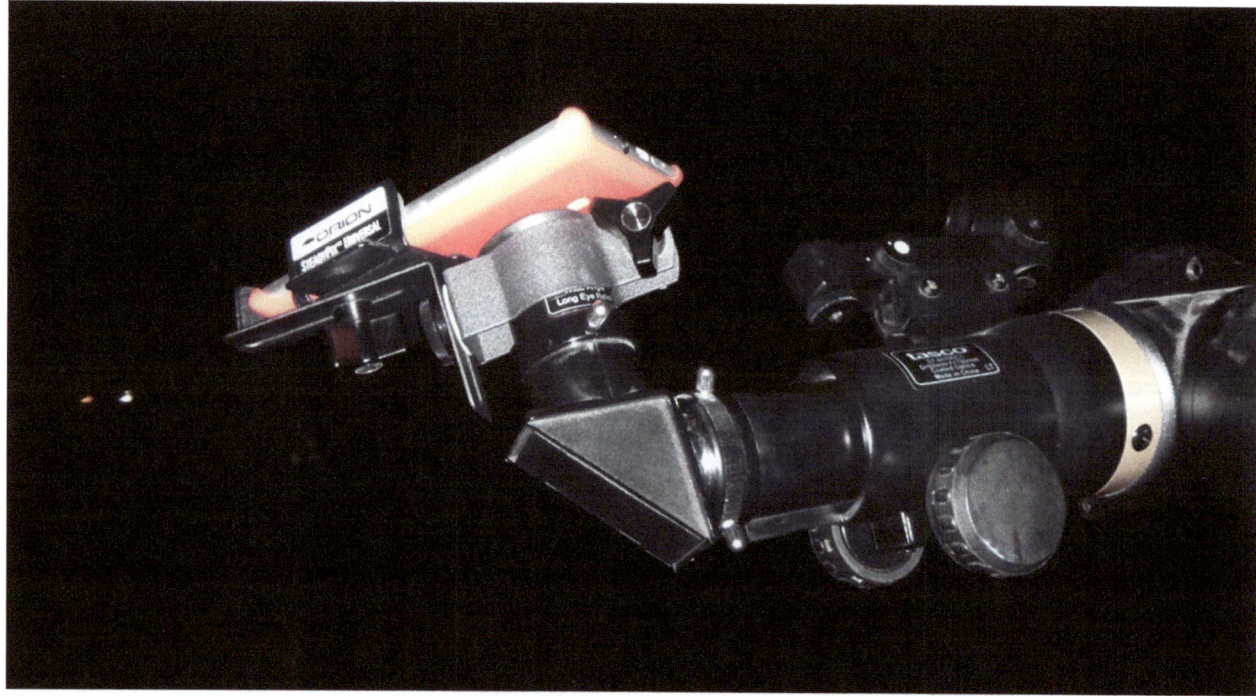

Su un supporto o a mano, questo è il modo più semplice per fare foto alla Luna e ai pianeti più brillanti con il proprio smartphone. Le foto non saranno subito spettacolari ma capiremo immediatamente quanta pazienza ci vuole con la fotografia astronomica. In bocca al lupo!

1.8 Tecnica di stacking

Se siamo alle primissime esperienze, non è necessario fare lo stacking, ovvero allineare e sovrapporre i migliori scatti per creare l'immagine finale grezza, perché già la singola foto ci soddisferà. Se però vogliamo entrare un po' più dentro la fotografia astronomica e prendere confidenza con la tecnica, allora gli scatti multipli eseguiti vanno allineati e mediati. I software a disposizione sono Registax o Autostakkert, entrambi gratuiti. Questi provvedono, a partire dalla lista delle foto fatte al soggetto, ad allinearle in modo preciso, a selezionare solo le migliori, scartando quelle mosse o sfocate, e a sommarle, restituendo un'immagine finale di migliore qualità. Il funzionamento di questi programmi è semplice, soprattutto di Autostakkert. Un paio d'ore facendo qualche tentativo e leggendo anche il manuale utente porterà sicuramente a ottimi risultati (o potremmo dare un'occhiata al progetto che riguarda la fotografia in alta risoluzione se siamo proprio curiosi).

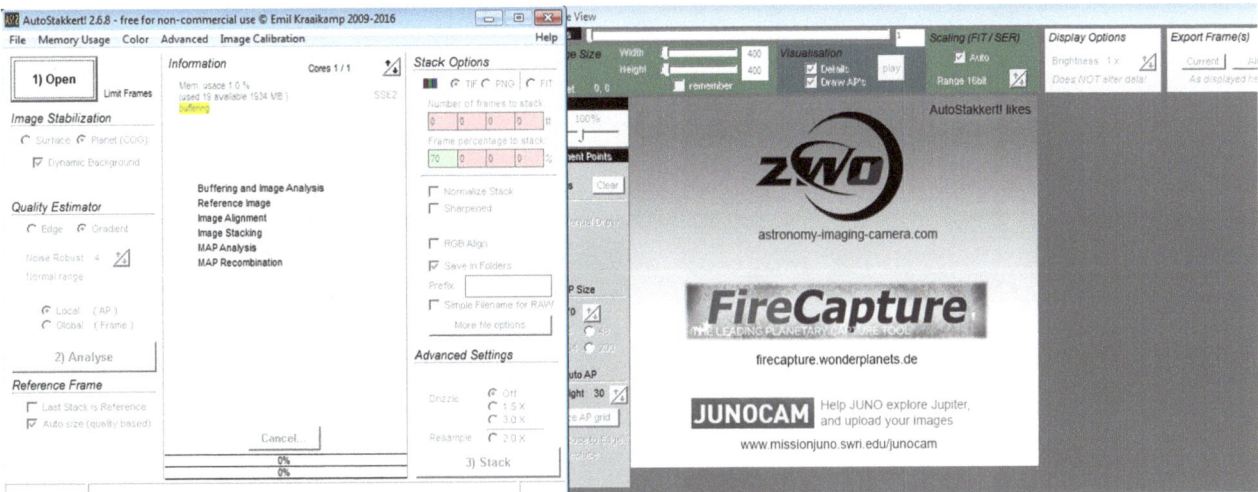

L'interfaccia di Autostakkert, il programma più semplice per l'allineamento e la sovrapposizione degli scatti fatti a Luna e pianeti. Ne sentiremo parlare ancora più avanti nel testo.

1.9 Elaborazione

Sia che abbiamo fatto un solo, fugace, scatto o ci siamo dedicati alla tecnica della somma di molte foto tutte identiche, all'immagine potremmo fare una veloce elaborazione, o post-processing, assecondando la moda anglofona del momento. Poiché questa parola è usata anche nella fotografia e spesso con sinonimo di fotoritocco, cosa che NON dovrebbe mai competere alla fotografia astronomica, d'ora in poi userò il termine elaborazione, che ha il significato più neutro, e corretto, di estrapolazione del segnale raccolto senza alterarne la realtà.

Il nostro primo approccio con l'elaborazione dovrebbe essere molto cauto perché il rischio di trasformare una rappresentazione della realtà in una forma d'arte astratta è molto alto. Se la qualità della foto sarà scadente, nessuna elaborazione potrà migliorarla, ma se i dettagli sono a fuoco e ben esposti, allora potremo trovare utile applicare una **leggera maschera di contrasto** o dei **filtri wavelet**, soprattutto se la nostra immagine è la somma di diversi scatti. Con quale programma? Registax è il più immediato. Se si seleziona solo una foto, il software salta automaticamente la procedura di stacking e si posiziona sulla scheda dedicata all'elaborazione, mettendo a disposizione sei filtri wavelet per aumentare il contrasto dei dettagli a diverse scale. Divertiamoci a provare come si comportano i diversi filtri e ricordiamo che le nostre immagini andrebbero salvate sempre in un formato diverso dal jpg. Se ci piace la compressione, ma senza perdite di dati, utilizziamo il formato png, altrimenti il tif. Per i più impavidi c'è Photoshop, ma ha troppe funzioni ed è quindi molto dispersivo per queste prime esperienze. Non c'è bisogno di fare nient'altro: nessun filtro strano, niente fotoritocco, neanche, spesso, la regolazione dei colori.

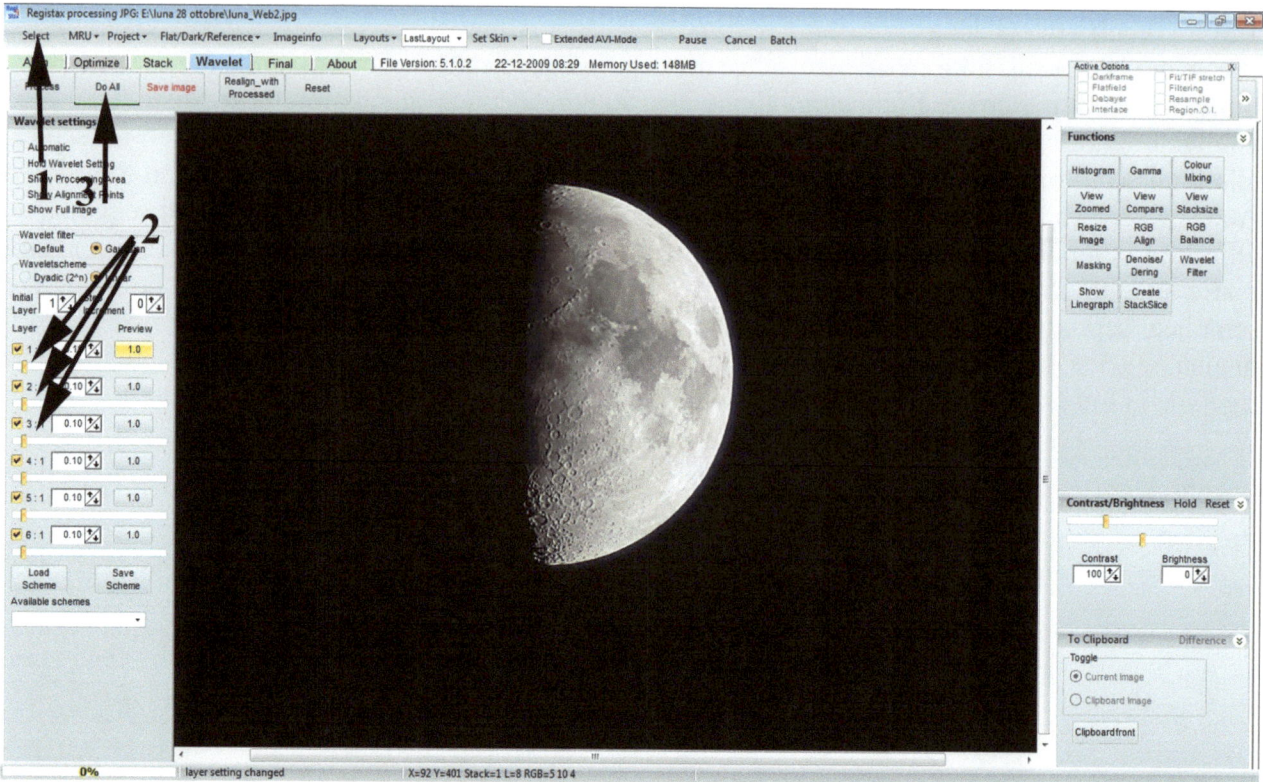

Qualche consiglio pratico per elaborare le nostre prime foto della Luna attraverso il programma gratuito Registax. Qui vediamo la versione 5, la più stabile e semplice da utilizzare.

1.10 Errori più comuni

Si verificano quasi sempre nella fase di scatto. Eccone alcuni:

- Campo parzialmente illuminato, con strani aloni scuri. È il problema più comune. Questo significa che l'obiettivo della fotocamera non è in asse con l'oculare e probabilmente non si trova alla giusta distanza. Occorre avere pazienza e fare pratica. Solo con l'allenamento riusciremo a ottenere scatti in cui non ci saranno più quegli strani effetti di luce;
- Un pezzo della foto è a fuoco e l'altro no. L'obiettivo della fotocamera è alla giusta distanza dall'oculare ma non è in asse;
- Immagine sovraesposta. Se la Luna non occupa tutto il campo o, peggio, se stiamo riprendendo un piccolo pianeta, l'esposimetro della fotocamera fa una valutazione media della luminosità del campo e, poiché c'è molto cielo nero, sovraespone il soggetto. Per la Luna bisogna che questa occupi tutto il campo, centrandola meglio o, se è troppo piccola, utilizzando un oculare che dia un maggiore ingrandimento. In generale bisognerebbe prendere il controllo della fotocamera, almeno per quanto riguarda sensibilità e tempo di esposizione. Indicativamente, la Luna è brillante come una normale scena diurna terrestre;
- Immagine distorta dopo lo stacking. Se abbiamo tentato la strada della sovrapposizione di tanti scatti tutti uguali ma ci siamo ritrovati con un'immagine in cui solo un punto sembra a fuoco è perché, molto probabilmente, abbiamo scattato le foto sorreggendo a mano la fotocamera. I programmi di allineamento citati possono correggere le traslazioni ma non le rotazioni. È per questo motivo che l'acquisizione di diversi scatti è consigliata solo a chi dispone di un supporto che non si muova come la propria mano. Se non vogliamo impazzire in elaborazione, in questa circostanza è meglio accontentarsi di mostrare solo il migliore singolo scatto, senza fare lo stacking.

1.11 Suggerimenti per migliorare

Se si vogliono continuare a ottenere fotografie con questa semplice tecnica, i consigli per migliorare non sono molti. L'unico che mi sento di dare è di non perderci troppo tempo, perché la qualità di una fotografia è determinata dall'elemento più debole, che in questo caso è la fotocamera dello smartphone e la pessima qualità degli obiettivi. In ogni caso, per ottenere il meglio, prima di spendere un patrimonio per la fotografia astronomica, ecco qualche spunto su cui meditare:

- Aumentare l'ingrandimento dell'oculare, per catturare dettagli minuti della Luna e persino, con un po' di esperienza, le bande di Giove e gli anelli di Saturno;
- Aumentare la potenza del telescopio, ovvero farsi prestare uno strumento dal diametro generoso, di almeno 20 cm. Questo migliorerà notevolmente i risultati;
- Fare fotografie solo nelle serate di calma atmosferica. Noteremo, infatti, che all'aumentare dell'ingrandimento le immagini sembrano bollire. Ci stiamo scontrando con la turbolenza della nostra atmosfera. A volte, come nelle limpide giornate ventose, è massima e nasconde quasi tutti i dettagli; altre volte è minima, come quando c'è una leggera foschia. Saper individuare le serate più calme migliorerà di molto i nostri scatti;
- Se abbiamo un supporto stabile per la fotocamera e, poiché sommando diversi scatti la qualità dell'immagine finale aumenta, perché non proviamo a fare direttamente un video, visto che questi vengono registrati a 30 o persino 60 immagini al secondo? Potremo quindi avere a disposizione centinaia di scatti per migliorare il risultato finale! I software come Registax e Autostakkert leggono i video, a patto che non siano compressi. Di conseguenza, prima di poterli usare dovremo convertirli con qualche programma in formato .avi non compresso, ad esempio Virtual Dub, gratuito.

1.12 Risultati ottenibili

Con buona pratica, una fotocamera discreta, come quella che equipaggia gli smartphone di ultima generazione, un bel supporto e un'opportuna tecnica di stacking ed elaborazione, si può ambire a ottenere risultati piuttosto interessanti, sia sulla Luna che su Venere, Giove e Saturno. Sebbene lontani da quanto si possa fare con una strumentazione ottimizzata per questo scopo, potremo fare quell'ottima gavetta necessaria per ogni ambito della fotografia astronomica (e della vita).

A sinistra, tipica foto di chi è ai primi tentativi. Distanza non corretta tra l'obiettivo e la lente dell'oculare che ha causato quella brutta caduta di luce dalla forma a ciambella; sovraesposizione che ha reso bianche (saturate) molte zone del bordo lunare e non perfetta messa a fuoco del telescopio che ha impastato i dettagli lunari. A destra: ottimo risultato raggiunto con la fotocamera di uno smartphone Samsung Galaxy S6 edge. Si può provare ad aumentare l'ingrandimento con un oculare dalla focale più corta (mai con lo zoom digitale!) ma difficilmente riusciremo a catturare dettagli molto più fini.

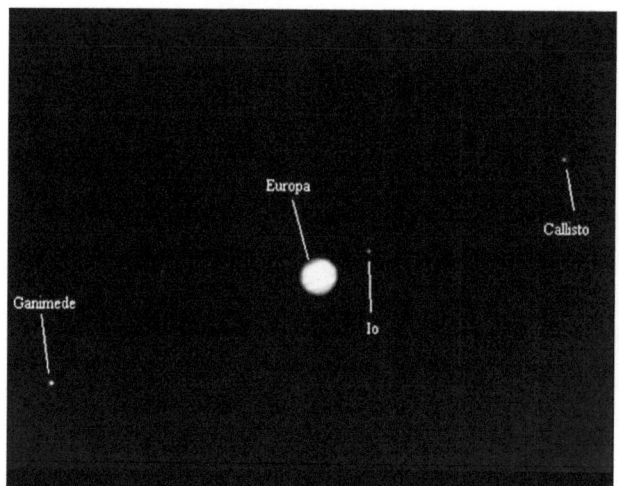 

A sinistra: i satelliti di Giove sono facili da fotografare con questa semplice tecnica, a patto di utilizzare un telescopio da almeno 15 cm di diametro e un oculare dal basso ingrandimento, tra le 30 e le 50 volte. A destra: lo stato dell'arte della fotografia in afocale con la fotocamera dello smartphone. Questo è un risultato eccezionale, ma è la conseguenza di una tecnica adeguata e preparata nei minimi dettagli. Telescopio Schmidt-Cassegrain da 235 mm di diametro su montatura equatoriale EQ6 motorizzata. Supporto a sostegno del telefono, oculare di buona qualità da 17 mm di focale, regolazione manuale di sensibilità e tempo di esposizione. Acquisizione di un video in FHD (Full HD) a 30 immagini al secondo da due minuti, per un totale di 3600 fotogrammi, elaborati con Registax. In pratica si è applicata la tecnica per le riprese in alta risoluzione che vedremo molto più avanti. Se il risultato sembra incredibile, diamo un'occhiata a cosa si ottiene, attraverso lo stesso strumento, con una più performante ed economica camera planetaria astronomica (pag. 53) e capiremo subito che il nostro smarphone sarà da abbandonare al più presto.

2. Congiunzioni e costellazioni

Luna e Venere nel cielo dell'alba del 18 ottobre 2017. Sony A7s, obiettivo Super Takumar 200mm f4. Singolo scatto da 1.5 secondi a 800 ISO.

2.1 Cosa fotografare
Avvicinamenti prospettici tra i pianeti e la Luna, specialmente al tramonto o all'alba. Costellazioni brillanti e anche la Via Lattea. Tutte foto da fare a grande campo, quindi senza telescopio, e senza bilanciare il moto di rotazione della Terra.

2.2 Perché
Le congiunzioni, soprattutto tra Venere e la Luna, o tra i pianeti, sono un evento relativamente raro e spettacolare. Grazie alla luce del crepuscolo e alla luminosità dei corpi celesti coinvolti, questa è la prima esperienza di fotografia astronomica vera e propria. Questa esperienza la possiamo arricchire anche con qualche scatto alle costellazioni e alla nostra prima Via Lattea che, probabilmente, ci stregherà a tal punto da non poter più fare a meno della fotografia astronomica. Io ho avvisato!

2.3 Difficoltà
Bassa:
- Trovare le migliori impostazioni di scatto;
- Messa a fuoco manuale.

2.4 Costo
Basso, a partire da 300-400 euro, a seconda della strumentazione che si ha a disposizione.

2.5 Dove e quando

Due volte al mese una sottile falce di Luna si trova prospetticamente vicino al Sole, la sera dopo il tramonto o poco prima dell'alba. Almeno due volte l'anno le faranno compagnia i pianeti più brillanti, come Venere o Giove, e lo spettacolo sarà assicurato. Basta quindi osservare il cielo per capire quando si verificheranno gli avvicinamenti più spettacolari. Per il dove, ci sono buone notizie: ovunque, a patto di avere un orizzonte libero. Le luci della città o la turbolenza atmosferica non influiscono su questo tipo di foto. Per approfondire questa semplice tecnica e fotografare costellazioni e la porzione più brillante della Via Lattea, occorre invece un cielo scuro, lontano dalle luci delle città e l'assenza totale della Luna.

2.6 Strumentazione

Alcune congiunzioni possono essere fotografate anche con la fotocamera dello smartphone ma, se siamo davvero interessati alla fotografia astronomica, lasciamolo al compito per cui è stato creato, ossia perdere tempo su internet, e dotiamoci di una fotocamera che faccia solo foto. Si può utilizzare una compatta da poche decine di euro o, se abbiamo voglia di fare le cose sul serio, una reflex entry level con l'obiettivo standard 18-55 mm, ormai reperibile al costo di circa 350 euro, meno della metà di uno smartphone top di gamma (e poi dicono che la fotografia astronomica è troppo costosa!). A prescindere dalla fotocamera, è obbligatorio un treppiede da poche decine di euro. Strumentazione identica per le costellazioni e la Via Lattea, anche se sarebbe preferibile usare obiettivi molto luminosi e di focale non superiore a 18 mm, a causa del veloce moto della Terra che produce stelle allungate già dopo poche decine di secondi di posa. Questo è l'unico caso nella fotografia astronomica nel quale una reflex di tipo professionale permette di raggiungere risultati nettamente migliori di una entry level. Ma non corriamo a comprare una reflex da migliaia di euro solo per fare foto alla Via Lattea con un treppiede, perché queste differenze di prestazione si ridurranno molto quando utilizzeremo un economico sistema per seguire le stelle e potremo aumentare il tempo di esposizione.

La fotocamera è pronta per fotografare una falce di Luna che si accende nel cielo limpido della Valle della Morte, California. Temperatura: 49°C (sì, 49°C!).

2.7 Tecnica di ripresa

La tecnica di ripresa è semplice in sé ma inizia a essere diversa rispetto alle foto di tutti i giorni, quindi dobbiamo prestare attenzione:

1) Scegliamo un posto con orizzonte libero e bello dal punto di vista paesaggistico. Diamo sfogo al nostro senso artistico;

2) Montiamo saldamente la fotocamera sul treppiede;

3) Selezioniamo come modalità di salvataggio delle foto il formato RAW o, meglio, RAW+jpg. D'ora in poi, se vogliamo fare sul serio, le foto in jpg servono solo per una visualizzazione senza pretese. È nel formato RAW la vera foto;

4) Inquadriamo la scena con l'obiettivo migliore che abbiamo a disposizione. Scegliamo l'eventuale livello di zoom ottico. Non utilizzare mai la funzione di zoom digitale perché è del tutto inutile, per ogni applicazione di fotografia astronomica;

5) Escludiamo tutti gli automatismi dell'obiettivo, se possibile; in particolare lo stabilizzatore dell'immagine, la regolazione del diaframma e la messa a fuoco. Tutto viene fatto manualmente;

6) Apriamo il diaframma al massimo e mettiamo a fuoco, a mano, su una scena lontana almeno una decina di metri che sia al centro del campo. Un albero, un pianeta, la Luna: vanno tutti bene. La messa a fuoco non va fatta a occhio traguardando nel mirino ottico ma deve essere assistita dal live view della fotocamera, ingrandendo al massimo, digitalmente, la zona scelta. Non toccare l'eventuale zoom ottico: ogni volta che si muove, la messa a fuoco deve essere rifatta;

7) Chiudere l'obiettivo almeno a f4, per quelli a focale fissa, o f5.6 per gli zoom, se stiamo fotografando con la luce del tramonto o dell'alba. Questo consente di aumentare la qualità dell'immagine, soprattutto ai bordi. La sensibilità dovrebbe essere intorno ai 400 ISO. Per le fotografie notturne, invece, bisogna usare l'obiettivo alla massima apertura e con una sensibilità di almeno 800 ISO. Se si usano reflex di alto livello si può aumentare la sensibilità anche a 3200 o 6400 ISO;

8) Per lo scatto con la luce del crepuscolo si può impostare l'esposizione in automatico, selezionando il programma "priorità di diaframma" (A) sulla fotocamera. Questa, in base al diaframma scelto, selezionerà il miglior tempo di esposizione per la scena. In alternativa, in modalità M, manuale, si potrà gestire anche il tempo di esposizione. Questo è necessario se facciamo fotografie al buio;

9) Impostare l'autoscatto. Stiamo per effettuare una foto con esposizione relativamente lunga, tanto da richiedere un treppiede, ma, se premiamo il pulsante di scatto, questa verrà mossa. Se non si ha a disposizione un telecomando per lo scatto a distanza, consigliato ma ancora non indispensabile, basta attivare l'autoscatto da 2 o, meglio, 10 secondi. Questo consentirà alla fotocamera di scattare senza vibrare;

10) Fare diversi scatti, variando tempo di esposizione, sensibilità e diaframma. Con la luce del crepuscolo, esposizioni tipiche vanno da mezzo secondo a qualche secondo. Per le foto a costellazioni e Via Lattea, invece, bisogna arrivare a circa 20 secondi, il tempo limite, con obiettivi dal grande campo, per non avere stelle troppo strisciate. Solo con dei tentativi si potrà ottenere la foto migliore.

2.8 Tecnica di stacking

Tendenzialmente nessuna, poiché non è necessario fare tante fotografie tutte uguali da allineare e sommare. Il segnale raccolto dalla singola foto, infatti, di solito è già più che sufficiente per mostrarci un bello scatto. Inoltre, la tecnica della somma di tante foto, in questo caso, è controproducente poiché le stelle si muovono e la foto finale verrebbe mossa. Se invece si inseguisse il moto delle stelle, verrebbe mosso il paesaggio. Meglio quindi usare un solo scatto fatto bene.

2.9 Elaborazione

C'è poco o nulla da elaborare se abbiamo fatto scatti in jpg. Se invece abbiamo saggiamente scelto il formato RAW, dovremo fare almeno due cose fondamentali, con programmi come Photoshop, Camera Raw o quelli forniti con la fotocamera:

1) Bilanciamento del bianco. Il formato grezzo non contiene le informazioni sul corretto bilanciamento dei colori che deve quindi essere fatto a mano. A prescindere dal programma, si dovrà selezionare una regione della foto che si è sicuri avere un colore neutro (bianco o grigio, non saturata) e il software provvederà a bilanciare automaticamente tutta l'immagine. Attenzione perché per le foto fatte al tramonto il bilanciamento del bianco automatico potrebbe fallire. In questo caso dobbiamo ricordarci la scena e farlo manualmente, osservando anche il file jpg salvato dalla fotocamera (ecco perché scattare in RAW+jpg!);

2) Regolazione di curve e livelli. Ci accorgeremo presto, soprattutto per le foto che mostrano forti differenze di luminosità, che la scena è molto diversa da quella che vedeva l'occhio, in particolare molto più contrastata. In queste circostanze il nostro occhio è molto superiore alla fotocamera, perché ha quella che si chiama risposta logaritmica all'illuminazione e una grande dinamica. In pratica, l'occhio riesce a gestire benissimo forti contrasti di luce, facendoci vedere ben esposte sia le zone più brillanti che quelle più deboli. La fotocamera è molto più limitata e lo schermo del computer peggiora la situazione. Per ammorbidire i contrasti è quindi necessario agire sui livelli di luminosità e/o sulle curve, con qualsiasi programma di fotoritocco. Se si utilizzano le curve, bisogna fare in modo che la retta iniziale si trasformi in una funzione logaritmica, simile a quella che descrive la risposta del nostro occhio (ricordiamo tutti com'è fatta una funzione logaritmica, vero? Ecco a cosa serve la matematica!). Attenzione a non creare dipinti e a non esigere troppo dalle nostre foto, perché la visione non sarà mai bella quanto quella che ci siamo potuti godere durante lo scatto. Prendere confidenza con la regolazione delle curve di luminosità è il primo passo verso la consapevolezza dell'elaborazione delle immagini astronomiche;

3) Opzionale, perché non sempre necessario: leggero ritocco ai colori, ovvero bilanciamento e saturazione.

Ecco la misteriosa funzione logaritmica che consente di ammorbidire i contrasti nelle fotografie e a renderli più simili a quelli che può percepire l'occhio.

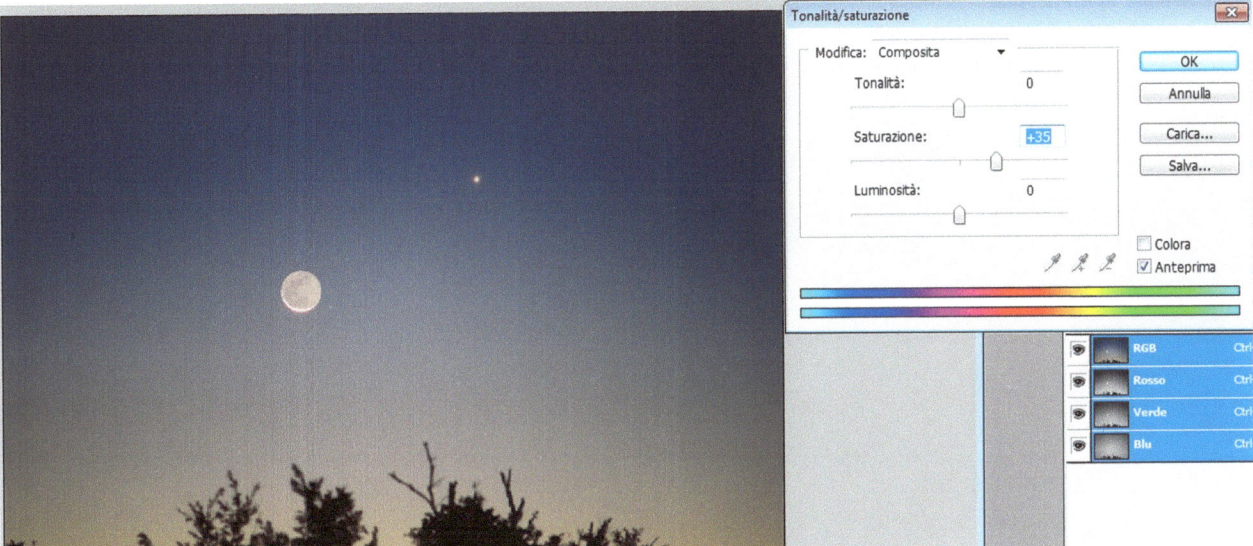

Regolazione della saturazione. I colori sono già perfetti così, l'elaborazione è terminata.

2.10 Errori più comuni

Gli errori frequenti riguardano principalmente la contro intuitiva fase di scatto. In particolare:

- Foto mossa. Se non si usa un treppiede è normale, poiché i tempi di posa possono essere anche di qualche secondo. Se invece si è utilizzato un treppiede, assicurarsi che sia stabile, al riparo dal vento e che sia stato azionato l'autoscatto;
- Foto molto rumorosa. Non conviene aumentare gli ISO al massimo, altrimenti la foto avrà l'aspetto della carta vetrata, a meno che non sia proprio necessario. Se possibile, è sempre meglio maggior tempo di esposizione con sensibilità bassa che il contrario;
- Foto sfocata. Dobbiamo prestare più cura alla fase di messa a fuoco attraverso il live view della fotocamera. Facciamo attenzione a non fare bruschi movimenti perché la ghiera di messa a fuoco degli obiettivi economici non è stabile e potrebbe spostarsi, causando un disastroso fuori fuoco;
- Bilanciamento del bianco impossibile dal file RAW. È una tipica difficoltà per chi è agli inizi. Aspettando che la nostra esperienza migliori, possiamo mettere in atto un semplice trucco, se abbiamo scattato nel doppio formato RAW+jpg e abbiamo a disposizione un programma come Photoshop. Apriamo entrambe le immagini, poi copiamo quella in jpg sopra la versione RAW che non riusciamo a bilanciare. Allineiamo, anche manualmente, i due livelli uno sopra l'altro, poi a quello dell'immagine jpg impostiamo il metodo di fusione su "colora". Come per magia l'informazione del colore viene trasferita sull'immagine RAW che sarà quindi correttamente bilanciata. Questa tecnica serve anche a farci prendere confidenza con un programma molto potente come Photoshop ma, in questo caso, è solo una soluzione temporanea, fino a quando non impareremo a fare un buon bilanciamento del bianco;
- Scarsa visibilità delle costellazioni o della Via Lattea. Se la tecnica è stata seguita in modo corretto, il nostro limite è il cielo. Si vedeva bene la Via Lattea a occhio nudo? Se la risposta è negativa, chiediamoci per quale strano miracolo la fotocamera avrebbe dovuto registrare la luce della nostra Galassia invece di quella delle luci artificiali che illuminavano la scena. Per capire cosa succede sotto un cielo incontaminato, osserviamo la seguente foto. Uno scatto singolo in formato jpg, non elaborato, ottenuto con un obiettivo da 28 mm f2.8, una fotocamera SONY A7s e singola posa da 15 secondi a 3200 ISO.

Quanto conta il cielo scuro. Scatto singolo da 15 secondi a 3200 ISO, con obiettivo da 28 mm f2.8, in formato jpg, così come uscito dalla fotocamera, una Sony A7s. In queste condizioni fare fotografia astronomica è pura goduria e in elaborazione non resta molto da fare. A occhio nudo la Via Lattea si vedeva quasi esattamente così. Il problema è che un cielo tanto scuro non esiste in Italia, a causa dell'inquinamento luminoso. Lo scatto, infatti, è stato fatto dal Bryce Canyon, Utah, USA, il 23 agosto 2017.

2.11 Suggerimenti per migliorare

Ora che abbiamo fatto ufficialmente il debutto nella fotografia astronomica (congratulazioni, siete rovinati!), dobbiamo imparare l'unica lezione necessaria per migliorare le nostre foto: ragionare. Le guide servono per dare delle indicazioni di massima sulla direzione da intraprendere, ma poi la strada la dobbiamo scegliere noi e percorrerla con le nostre forze. Impariamo a osservare con spirito critico le nostre foto, sin dal momento in cui le concepiamo, e proviamo a capire quali variabili cambiare per raggiungere risultati migliori. Tentiamo, sbagliamo, pensiamo, immaginiamo, osserviamo. Tutte attività ormai quasi eretiche nell'era della pigrizia mentale, ma che devono essere riscoperte se vogliamo fare qualcosa di appagante nelle nostre vite, dalla passione astrofotografica del fine settimana alla realizzazione del nostro più grande sogno. Di solito non è mai colpa né della fotocamera né di Photoshop, ma nostra. Non cerchiamo quindi effimere scorciatoie aprendo il portafogli e comprando attrezzatura professionale, perché tanto non sapremo usarla. Il denaro può comprare tutto, tranne la felicità e la competenza.

2.12 Risultati

Le congiunzioni sono le più facili da fotografare e lo spettacolo è quasi sempre assicurato. Un po' più difficili sono le costellazioni ma, con il tempo e la pratica, diventerà possibile persino ottenere belle foto della Via Lattea e del paesaggio intorno a noi, senza dover fare orribili ed eticamente discutibili fotomontaggi in cui si prende una foto a lunga esposizione del cielo e la si attacca a un panorama a caso, spesso ripreso di giorno e con zoom differenti. Non parlerò di questa "tecnica", perché questo è un libro di fotografia astronomica e non di fotoritocco.

Venere, a sinistra, immerso nei colori del tramonto e sopra un mare di nebbia. Singolo scatto da 5 secondi a 400 ISO con Nikon D3200 e obiettivo Tokina 11-16 mm usato a 11 mm f3.5.

L'Orsa Maggiore adagiata sull'orizzonte nord. Questo tipo di foto è facile da fare, se si ha a disposizione un cielo scuro. Nikon D3200, obiettivo 18-55 utilizzato a 18 mm f3.5. Singola esposizione di 20 secondi a 1600 ISO.

Uno dei migliori risultati che è possibile ottenere con questa semplice tecnica dai cieli italiani e con una strumentazione economica. La Via Lattea ripresa a 20 km da Perugia (il chiarore in basso è causato dalla città) con una reflex Canon 450D e obiettivo Samyang 14 mm f2.8. Singolo scatto in formato RAW da 30 secondi a 1600 ISO, elaborato con Adobe Camera Raw.

Lo spettacolo dell'aurora boreale, fotografata dalla Lapponia finlandese il 21 marzo 2015. Canon 450D, obiettivo Samyang 14 mm f2.8, chiuso a f4. Singola posa da 20 secondi a 800 ISO. Per fotografare i grandi spettacoli non serve necessariamente strumentazione super costosa.

3. Tracce stellari

Rotazione stellare attorno al polo nord celeste eseguita l'11 luglio 2015. Canon 450D, obiettivo Samyang 14 mm f2.8 chiuso a f8. Composizione di più di 300 immagini da 30 secondi, acquisite in jpg e assemblate con Startrails.

3.1 Cosa fotografare

Il movimento apparente delle stelle dovuto alla rotazione della Terra. Troppo lento per i nostri occhi, ma non per la macchina fotografica. Le fotografie più spettacolari immortalano la rotazione delle stelle attorno al polo nord celeste, che si trova vicino alla stella Polare.

3.2 Perché

Le tracce stellari, dette anche startrails (sempre per la moda anglofona), sono fotografie spettacolari, se effettuate nel modo corretto. Sono ancora semplici da fare, ma i pochi accorgimenti richiesti possono fare la differenza tra un successo e un disastro. È quindi un'ottima scuola anche per imparare a controllare tutte le mille variabili che faranno sentire il loro peso con la fotografia a lunga posa inseguita.

3.3 Difficoltà

Bassa:
- Mantenere fermo e stabile il treppiede per tutta la durata della sessione;
- Trovare un cielo molto scuro.

3.4 Costo

Basso. A partire da poco più di 300 euro.

3.5 Dove e quando

Cominciamo ad alzare l'asticella delle richieste. Per fare ottimi startrails, infatti, servono due ingredienti fondamentali: 1) Un cielo scuro, lontano decine di chilometri dalle luci delle grosse città e 2) Una notte senza Luna. Quest'ultima richiesta restringe le serate possibili a una settimana al mese, che puntualmente sarà nuvolosa. Se si vuole provare il brivido di fare uno startrail con la Luna in cielo o, peggio, alla Luna stessa, non sarò di certo io a impedirlo, ma intanto facciamoci una domanda: quante foto che mostrano la strisciata delle stelle e della Luna abbiamo visto su internet? Bene, siamo noi a essere più furbi degli altri che non ci hanno mai pensato, o ci sarà qualche problema a fare una cosa del genere?

3.6 Strumentazione

Questa volta non c'è molta scelta:

- Reflex digitale o fotocamera mirrorless. In entrambi i casi serve una macchina fotografica in grado di fare pose lunghe e di regolare manualmente tutti gli automatismi. Non è necessario che abbia gli obiettivi intercambiabili, anche se è fortemente consigliabile;
- Il solito treppiede da poche decine di euro;
- Una scheda di memoria capiente;
- Obiettivo: un grandangolare, tra i 12 e i 18 mm di focale. Anche l'obiettivo di serie delle reflex entry level, il classico zoom 18-55 mm, va bene, purché utilizzato a 18 mm. Ottimi effetti si ottengono con i grandangolari spinti o con i fish-eye, ma sono piuttosto costosi;
- Telecomando per lo scatto remoto che consenta la programmazione di una serie di scatti in automatico. In commercio si trovano a meno di 20 euro.

L'autore osserva il cielo del Grand Canyon mentre la fotocamera registra centinaia di scatti da 30 secondi di esposizione per costruire uno startrail. Il cielo è reso chiaro dalla presenza di una sottile falce lunare.

3.7 Tecnica di ripresa

Per evidenziare il moto delle stelle, in qualsiasi regione del cielo, è necessario evolvere la tecnica di ripresa, in particolare i tempi di scatto. Per ottenere rotazioni suggestive, il tempo di esposizione complessivo, detto anche tempo di integrazione, deve essere di almeno 2 ore. Con i sensori digitali, però, non è mai consigliabile fare un'unica posa lunga, piuttosto è necessario farne tante, sufficientemente lunghe da mostrare le stelle. Di conseguenza, ecco un'indicazione dei passi da seguire:

1) Nella serata adatta, scegliere un luogo in cui ci sia anche un elemento panoramico a impreziosire lo scatto. Un albero, una casa di pietra, una montagna... Non trascuriamo la fase di composizione della scena, poiché può fare la differenza tra una foto emozionante e una del tutto piatta;

2) Posizionare saldamente la reflex sul treppiede. Se questo non è robusto, evitare di lavorare alla massima altezza, posizione nella quale la stabilità è ridotta al minimo;

3) Selezionare l'eventuale zoom, escludere tutti gli automatismi e mettere a fuoco, manualmente, con l'obiettivo impostato a tutta apertura. Di nuovo, la messa a fuoco va fatta in modalità live view su una stella luminosa. Se non sono presenti pianeti brillanti (Marte, Giove) il live view potrebbe non vedere stelle. Nessun problema, basta ragionare. Possiamo ad esempio fare il fuoco su dei lontani lampioni, almeno 20 metri. Se si è così fortunati da non avere fonti di luce artificiali adatte (vuol dire che abbiamo un gran cielo!) possiamo crearne momentaneamente una noi: basta posizionare una torcia, o lo schermo acceso del cellulare, a 15-20 metri di distanza, da usare per fare la messa a fuoco;

4) Impostare la modalità manuale (M). Se il cielo è scuro, chiudere il diaframma a f5.6 e impostare sensibilità medio-basse, 200-400 ISO;

5) Programmare gli scatti sul telecomando. La sequenza ideale prevede scatti corti, tra i 15 e i 30 secondi, senza interruzioni, per almeno un paio d'ore, per gli startrail stellari. Si può, in questo caso, scattare anche nel solo formato jpg, se vogliamo evitare un pesante lavoro di bilanciamento del bianco in elaborazione;

6) Prima di inizializzare la sequenza, provare a fare qualche scatto di test per capire se le impostazioni, la messa a fuoco e l'inquadratura sono soddisfacenti. Non c'è niente di più frustrante che scoprire dopo una serata che il fuoco non era buono o che le foto erano troppo sottoesposte.

3.8 Tecnica di stacking

Come si trasformano centinaia di singoli scatti in un'unica, suggestiva, foto che mostra il movimento delle stelle? A livello teorico, dovremmo sovrapporre gli scatti ma senza farne la somma o la media, altrimenti le tracce stellari tenderanno a scomparire.

L'operazione che si deve fare è aggiungere sull'immagine sottostante tutti i dettagli che nel livello superiore sono più brillanti dei rispettivi pixel. In questo modo le stelle, che occupano posizioni sempre differenti, verranno via via aggiunte per formare la traccia stellare, senza alterare la luminosità della scena e dei livelli precedenti. In Photoshop questa operazione si ottiene impostando al livello superiore la modalità di unione "Schiarisci".

Ora che abbiamo capito l'operazione da compiere, possiamo usare con cognizione di causa un software che fa il lavoro al posto nostro. Per gli utenti Windows il programma migliore, gratuito, si chiama Startrails. Se abbiamo un Mac o Linux, possiamo invece provare StarStaX. Entrambi i programmi necessitano in input solo dell'intera sequenza in formato jpg, bmp o tif e provvederanno, previa regolazione di qualche semplice impostazione, a montare automaticamente l'immagine finale. Vederla formarsi mano a mano di fronte a noi sarà una bella emozione.

Schermata principale del programma Startrails, perfetto per la rapida costruzione dell'immagine finale. L'unico problema è che il software ammette in input file jpg, bmp e tif. Se abbiamo scattato in RAW, dunque, dovremo prima convertire tutte le immagini in uno di questi formati, preferibilmente tif, dopo aver bilanciato i colori di tutta la sequenza allo stesso modo per tutte le foto. Ecco perché è più facile utilizzare gli scatti in jpg, già pronti all'uso.

3.9   Elaborazione

Migliore sarà stata la cura nella fase di esposizione, minori saranno gli interventi da fare. L'unico interessante riguarda l'aumento della saturazione dei colori per mostrare il colore delle stelle, che renderà ancora più impressionante l'immagine. Se ci sono dominanti di colore dovute all'inquinamento luminoso, invece, la situazione si fa più complicata e dovremo far lavorare la fantasia. Un piccolo suggerimento per cercare di ridimensionarle: l'inquinamento luminoso di solito si mostra con macchie gialle, quindi possiamo tentare di diminuire al massimo la saturazione della sola tonalità gialla. In alternativa, un ottimo strumento è quello che in Photoshop è chiamato correzione colore selettiva, che permette di regolare le tonalità dei singoli colori. Di nuovo, anche qui, dovremo agire sul giallo.

Prova di startrail da un cielo inquinato da luci artificiali. Qualche idea su come ridurre quell'alone giallo-arancio?

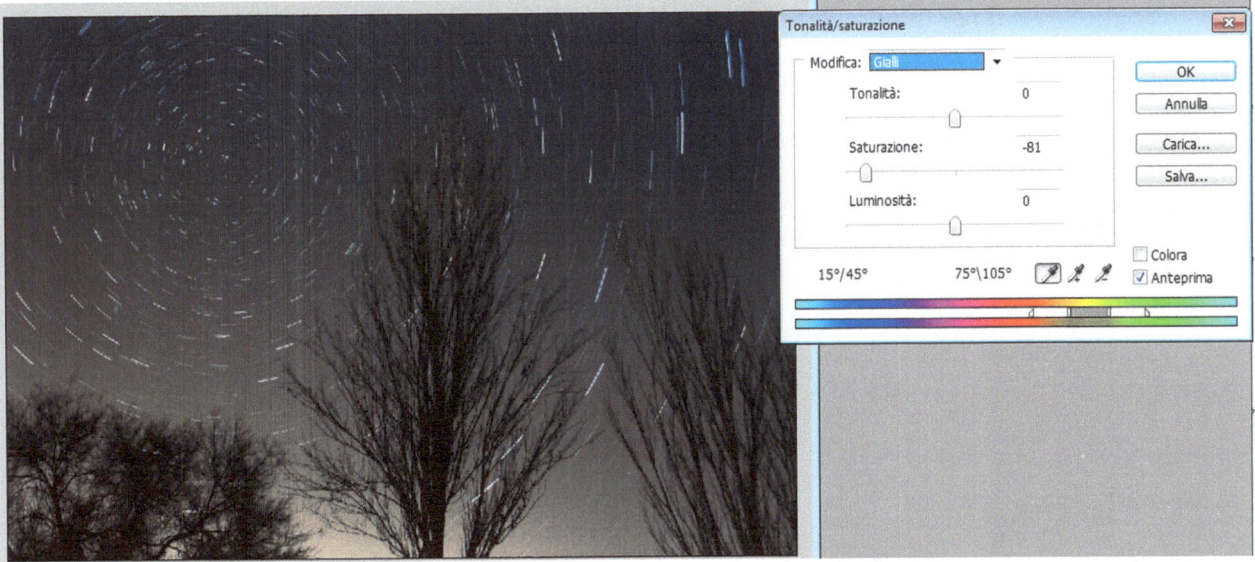
Possiamo ridurre al minimo la saturazione del solo canale giallo. La situazione è già migliore ma, come sperimenteremo anche sulla nostra pelle, non c'è soluzione elaborativa perfetta a un cielo che non è scuro.

3.10 Errori più comuni

Sebbene semplice, è bene non sottovalutare questa tecnica, perché un piccolo errore può far perdere un'intera nottata:

- Cambio repentino delle condizioni di illuminazione della scena. È l'insidia più grossa, soprattutto per gli startrail lunghi. A causa del modo con cui il software costruisce la foto, ogni volta che nel campo entra qualcosa di più luminoso delle altre immagini, la sua luce viene sovrapposta all'immagine finale, anche se fosse presente solo in un fotogramma. Il caso classico sono le luci di una macchina che rischiarano a giorno uno scatto; bene, questo è sufficiente per rovinare la foto finale. In fase di costruzione, dunque, sarà necessario scartare tutte le foto che presentano anomalie nell'illuminazione. Questo porterà inevitabilmente ad avere dei buchi nelle tracce stellari e ci costringerà a riprovare in condizioni più stabili;
- Strisciate non regolari ma disturbate da uno o più salti. Un altro errore classico, dovuto a un piccolo spostamento della fotocamera durante l'acquisizione. Questo accade di solito per un cedimento del treppiede (abbiamo stretto bene tutti gli agganci?) o per un colpo di vento. Il danno è irrimediabile perché nel momento in cui la fotocamera si è mossa è di fatto iniziata una seconda sequenza, che può essere raccordata alla prima solo con molta fatica e un po' di ingegno. Il metodo più rapido per recuperare i dati è costruire degli startrail indipendenti, ognuno con le strisciate corrette, allineare le immagini finali con un software astronomico, ad esempio Registax, MaxIm DL, Pixinsight, o con lo stesso Photoshop e rifare di nuovo la procedura di costruzione dello startrail con queste immagini;
- Linee stellari non continue. Anche questo è frequente, soprattutto agli inizi. Le stelle si muovono e anche in fretta, quindi tra uno scatto e l'altro non ci deve essere pausa, neanche di un secondo. Controllare le impostazioni del telecomando di scatto ed escludere dalla fotocamera, sempre d'ora in poi, la funzione di riduzione del rumore. Questa, infatti, prevede che dopo ogni scatto a lunga posa la fotocamera rimanga inutilizzabile per lo stesso tempo, perché il software sta acquisendo una particolare immagine, chiamata dark frame, che serve per ridurre il rumore dello scatto. Questi misteriosi dark frame ancora non ci servono e di certo non lasceremo decidere alla fotocamera quando farli, una volta che avremo la necessità di usarli.

3.11 Suggerimenti per migliorare

La tecnica per fare un corretto startrail è semplice e non richiede nemmeno la presenza costante durante l'acquisizione. L'elaborazione, inoltre, non offre molte possibilità di fantasia, quindi se vogliamo migliorare dobbiamo concentrarci sulla fase di programmazione. Fondamentale è trovare un cielo scuro, almeno nella porzione che abbiamo deciso di fotografare. Impareremo presto a capire che questo può fare un'enorme differenza. L'altro punto su cui migliorare riguarda la nostra vena artistica. Se si desidera una foto che lasci senza fiato, dovremo sforzarci di trovare un panorama notturno che venga valorizzato e impreziosito dal romantico moto delle stelle del cielo. Un piccolo suggerimento: una sottile falce di Luna un paio di giorni prima del primo quarto può aiutare a illuminare il paesaggio e a rendere più equilibrate le luci della foto, a patto che il nostro satellite non venga inquadrato. Un'intelligente alternativa è fare un uso sapiente di una lampada.

3.12 Risultati

Sono sufficienti un paio di startrail per apprendere in fretta la migliore tecnica di acquisizione ed elaborazione. Gli inizi, come sempre, non saranno facili, ma se abbiamo la capacità di riconoscere e imparare dai nostri errori, presto vedremo grandi miglioramenti.

Non limitiamoci solo alle riprese delle tracce stellari: tutto ciò che si muove può lasciare infatti una scia nelle nostre foto.

Tipico startrail di chi inizia. Cielo chiaro, obiettivo troppo chiuso (f11) che ha limitato la visibilità delle stelle, sensibilità troppo alta (1600 ISO) che ha introdotto una grande quantità di rumore e tempo di integrazione un po' troppo ridotto per mostrare al meglio la solennità della scena. Sono tutti errori normali, ai quali è facile porre rimedio le volte successive.

Con un po' di esperienza, anche senza la luce della Luna che rischiarerebbe il cielo, possiamo illuminare il panorama attorno a noi con una torcia. Basta uno scatto, all'inizio o alla fine della sequenza, e il programma Startrails lo riprodurrà nella foto finale.

Facciamo lavorare la fantasia, perché tutto si può utilizzare per lasciare le scie! A sinistra: fulmini nel cielo di Bologna, ottenuti da 200 scatti da 10 secondi uniti con il programma Statrails. A destra, Suggestiva sequenza della Luna e Venere al tramonto. Uno scatto ogni 5 minuti.

4. Fotografia a grande campo e lunga posa

Lo spettacolare centro galattico fotografato dal cielo incontaminato del Wyoming, il 18 agosto 2017. Fotocamera Sony A7s dotata di telecomando di scatto remoto, obiettivo 50 mm f 1.8 chiuso a f4, montatura EQ2 Astrofoto con inseguimento attivo, Media di 13 scatti da 90 secondi a 1600 ISO.

4.1 Cosa fotografare

Costellazioni, la spettacolare Via Lattea e le grandi zone nebulari, nei pressi del Sagittario o di Orione, con obiettivi di corta focale o, al limite, piccoli teleobiettivi fino a 135-200 mm, a lunga esposizione e bilanciando il moto di rotazione della Terra.

4.2 Perché

La fotografia a grande campo, detta anche in parallelo perché un tempo si faceva solo sulle spalle dei propri telescopi, è un campo vastissimo della fotografia astronomica, in grado di regalare soddisfazioni per anni. Molti astrofotografi scendono a questa fermata, quando capiscono che le emozioni regalate da quest'attività sono uniche e illimitate.

4.3 Difficoltà

Media:
- Necessità di trovare un cielo scuro;
- Stazionamento preciso della montatura.

4.4 Costo

Medio. A partire dai 600-700 euro (ancora meno di uno smartphone!), considerando anche l'acquisto di una reflex digitale entry level.

4.5 Dove e quando

Cielo scurissimo, lontano dalle grandi città e magari in montagna, totale assenza della Luna. La qualità del cielo, espressa in magnitudini ogni secondo d'arco quadrato, dovrebbe essere superiore a 21, altrimenti i risultati saranno mediocri. Ogni stagione propone oggetti interessanti ma la migliore è senza dubbio l'estate, quando la Via Lattea domina il cielo da nord a sud. È lei la regina del grande campo. A seguire l'inverno, con Orione spettacolare attraverso qualsiasi fotografia.

4.6 Strumentazione

Reflex digitale o fotocamera con obiettivi intercambiabili, controllabile manualmente e telecomando di scatto. Non è necessaria una reflex professionale. Questo è il corredo base che dovremmo già avere. La grande novità riguarda il supporto. Per ottenere stelle puntiformi con diversi minuti di esposizione, serve qualcosa che riesca a inseguirle. La moda attuale è rappresentata dagli astroinseguitori, ad esempio lo Skywatcher Star Adventurer o il Vixen Polaire. Come tutte le mode, costano troppo per quello che offrono: oltre 400 euro, a cui aggiungere un robusto treppiede che può costare ben oltre i 100 euro.

Un lavoro analogo, se non migliore, può essere svolto da qualsiasi piccola montatura equatoriale motorizzata. La più economica è una EQ2, magari nella versione EQ2 Astrofoto, venduta per meno di 200 euro e pronta all'uso, comprensiva di solido treppiede, motore per l'inseguimento e pacco batteria. Basterà solo comprare quattro pile da torcia e potremo iniziare a usarla. L'ho utilizzata per più di dieci anni senza che perdesse un colpo, nei posti più sperduti del Pianeta: dai 50°C della Valle della Morte ai -20°C del circolo polare artico. Rispetto al più blasonato astroinseguitore Star Adventurer ha molta meno plastica, è più solida ma è sprovvista del cannocchiale polare, accessorio che serve per fare uno stazionamento più rapido e preciso, comunque non indispensabile. In ogni caso, una EQ3 Astrofoto è ancora più solida, ha il cannocchiale polare, i motori per l'inseguimento, un treppiede, e potrà sorreggere anche telescopi a tubo corto fino a 15 cm di diametro, al costo ancora inferiore a quello di un astroinseguitore. Non facciamoci quindi travolgere dal marketing, ragioniamo sempre con la nostra testa: nessun astroinseguitore può competere quanto a solidità e affidabilità con una piccola montatura equatoriale. Non sono necessarie montature computerizzate. Per inseguire le stelle basta infatti un motorino da venti euro. Tutto il resto è superfluo.

Un sorridente autore intento a mettere in bolla il treppiede della montatura EQ2 Astrofoto, con largo anticipo. Questa eccessiva programmazione verrà ripagata con una serata nuvolosa, in onore alla legge di Murphy.

4.7 Tecnica di ripresa

Le fotografie a grande campo sono scatti a lunga posa inseguiti. Le basi della tecnica saranno quindi le stesse della fotografia telescopica:

1) Messa in bolla del treppiede. È una fase consigliata, perché facilita la successiva operazione di stazionamento e dà maggiore stabilità, anche se non è indispensabile, soprattutto per la fotografia a grande campo. Aiutandosi con una piccola bolla, ci si assicura di posizionare il treppiede più in piano possibile;

2) Stazionamento della montatura equatoriale, o dell'astroinseguitore. È la fase fondamentale, che spesso determina il successo o il fallimento della serata. Qualsiasi congegno si utilizzi per bilanciare il moto della Terra, questo deve essere prima stazionato, a mano. Lo stazionamento consiste nell'orientare, con la migliore precisione possibile, l'asse polare verso il polo nord celeste, non lontano dalla stella Polare. L'asse polare è la struttura portante della montatura. Per fare lo stazionamento non dobbiamo spostare il treppiede, ma agire sugli appositi movimenti presenti nei pressi della base della montatura. L'asse polare va inclinato in altezza di un angolo pari alla latitudine del luogo e ruotato in orizzontale (azimut) fino a incrociare, orientativamente, la stella Polare. Nei sistemi dotati di cannocchiale polare si può affinare lo stazionamento traguardando attraverso di questo e posizionando la stella polare nel punto indicato dal crocicchio. Questo punto varia a seconda del periodo e dell'orario, ma basta un software planetario o qualsiasi applicazione sul telefono, come PolarisView per Android, per sapere dove posizionare la stella Polare. Il cannocchiale, naturalmente, deve essere ben allineato all'asse polare, altrimenti la precisione raggiunta non sarà elevata. Di solito l'allineamento è fatto in fabbrica ma ogni tanto è bene controllarlo, di giorno però. In che modo? Basta leggere il manuale della montatura, o digitare su "Google" le parole chiave "allineamento cannocchiale polare". Una volta raggiunta la precisione necessaria, serrare bene le viti di blocco. La montatura si muove sbloccando gli assi di Ascensione Retta (AR) e Declinazione (Dec). I movimenti saranno strani, ma è un piccolo scotto da pagare per avere stelle puntiformi sulle lunghe esposizioni;

3) Selezione inquadratura. Ora che la montatura è ben stazionata, bisogna selezionare l'inquadratura e scegliere l'obiettivo. Qui si ha carta bianca. Indicativamente, è bene iniziare con obiettivi a corta focale, che ben sopportano errori di inseguimento dovuti a uno stazionamento non perfetto, tra i 10 e i 35 mm. Noteremo subito che il supporto utilizzato vincolerà la fotocamera a orientazioni insolite. Se vogliamo avere il controllo sull'orientazione dovremo dotarci di una testa a sfera;

4) Togliere tutti gli automatismi, impostare il programma M, aprire il diaframma al massimo, fare il fuoco in modalità live view su una stella brillante o su dei lampioni lontani, seguendo i consigli visti nel progetto sullo startrail. Una volta fatto, chiudere il diaframma di almeno uno stop per contenere le aberrazioni ai bordi, ritrovare l'inquadratura, impostare la sensibilità tra i 400 e gli 800 ISO e la modalità di scatto in RAW o RAW+jpg;

5) Tempi di esposizione e di integrazione. Se siamo interessati solo alle stelle, senza il panorama, i tempi di esposizione sono generalmente compresi tra 2 e 5 minuti. Questi dipendono criticamente dallo stato del cielo e dalla luminosità dell'obiettivo, ma basta fare qualche prova per capire se lo scatto è sottoesposto o sovraesposto. I tempi di integrazione non dovrebbero essere inferiori alla mezz'ora. Maggiore è l'integrazione complessiva, più pulita e profonda sarà l'immagine finale. Orientativamente, un ottimo segnale si raggiunge avendo a disposizione almeno 20-30 singoli scatti ben esposti. Se siamo interessati anche al panorama, non c'è bisogno di una montatura e dell'inseguimento, perché con pose lunghe tutto ciò che non è in cielo verrà mosso. L'alternativa è ricorrere ai poco etici fotomontaggi, scattando una foto a lunga posa senza inseguimento al panorama e poi una serie di scatti, con l'inseguimento attivo, alle stelle. In merito a questa scelta mi sono già espresso e non mi pronuncio di nuovo.

4.8 Tecnica di stacking

La priorità è trovare un programma adatto per lo stacking (ricordiamo cosa significa, vero?) delle fotografie a lunga esposizione. Il più utilizzato dai principianti è Deep Sky Stacker, gratuito e disponibile sia per PC che per Mac.

Per le prime esperienze le impostazioni di default vanno benissimo. Basta aprire le proprie immagini (1), selezionare tutte quelle venute bene, ispezionandole visualmente una per una (2), fare lo stacking (3). Dopo qualche minuto il programma restituirà l'immagine grezza da elaborare. Prima di fare qualsiasi cosa, salviamo il nostro prezioso lavoro in un formato non compresso, preferibilmente tif. Se si hanno problemi con il salvataggio, il software crea automaticamente un file chiamato "Autosave.tif" nella cartella dove si trovano le immagini, già pronto per essere elaborato.

Gli utenti più esigenti potranno trovare utile il software per l'elaborazione delle immagini a lunga esposizione più utilizzato in assoluto: PixInsight, a pagamento ma utilizzabile gratuitamente per 45 giorni. È molto meno intuitivo di Deep Sky Stacker ma molto più potente. Serviranno un paio di giorni di studio del manuale e dei tanti tutorial presenti nel web per riuscire a fare lo stacking delle proprie immagini, ma il gioco vale sicuramente la candela. Più indicato per le immagini scattate con camere astronomiche è invece MaxIm DL, più semplice (ma non più economico) di PixInsight. Il consiglio, per il momento, è quello di apprendere la corretta tecnica di ripresa e concentrarsi dopo su programmi complessi.

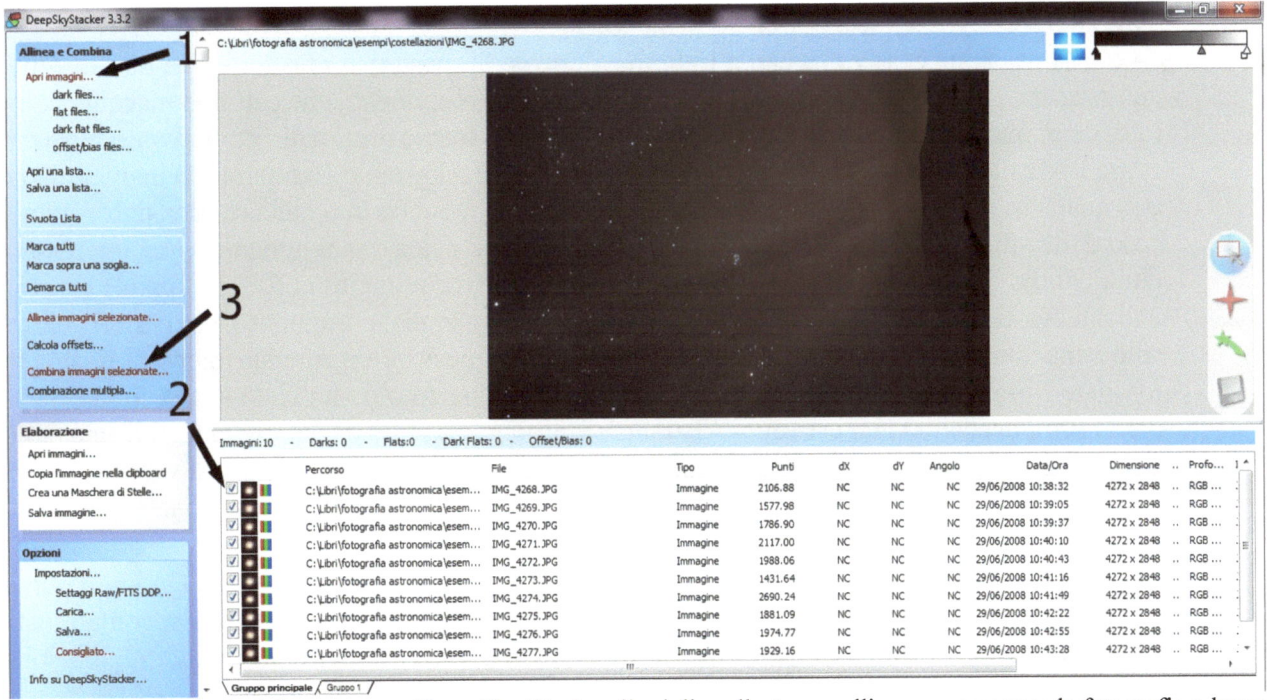

Schermata principale del programma Deep Sky Stacker, il miglior alleato per allineare e sommare le fotografie a lunga posa. Le frecce indicano le operazioni da eseguire per arrivare a un primo risultato.

4.9 Elaborazione

Contrariamente alle passate esperienze, la nostra immagine grezza, nonostante sia composta da tanti singoli scatti, sarà bruttina. È solo apparenza, almeno si spera, ma questo ci farà capire che per la prima volta dovremo iniziare a fare le cose sul serio anche in elaborazione.

Tutti i programmi di stacking consentono di fare elaborazione, compreso Deep Sky Stacker. L'obiettivo è semplice: estrapolare tutto il segnale catturato nel modo migliore possibile, senza alterare la realtà della fotografia (già sentita questa frase? Repetita iuvat!):

- Il passo più importante riguarda senza dubbio lo stretching. Con questa operazione si prendono i livelli di luminosità e si "stirano" a piacimento, sia manualmente che ricorrendo a funzioni matematiche adeguate, come quella logaritmica o l'arcoseno iperbolico. L'obiettivo dello stretching è quello di mostrare, contemporaneamente, tutti i dettagli più deboli e quelli più luminosi, arrivando quindi a rivelare tutta la dinamica della foto, ovvero tutta la scala di luminosità disponibile. Le reflex digitali hanno generalmente una dinamica a 14 bit, che sale a 16 per le camere astronomiche. In pratica, queste possono mostrare, rispettivamente, 16383 e 65535 livelli di luminosità. Lo schermo del computer, tuttavia, può mostrare al massimo 255 livelli di intensità, 8 bit, di conseguenza ogni immagine mostra solo una piccola porzione del segnale che effettivamente contiene. Lo stretch serve a comprimere nella dinamica dello schermo del computer quella ben più ampia del sensore digitale. Il risultato, se ben fatto, è quello di mostrare contemporaneamente sia le zone effettivamente nere che quelle bianche, senza perdere nulla. Uno stretch manuale può essere fatto anche con qualsiasi programma, agendo sulle curve. La funzione più facile da riprodurre è quella logaritmica che abbiamo già incrociato. La curvatura, ovvero l'effetto sull'immagine, dipende dal soggetto ripreso, quindi richiede sensibilità. In ogni fase dell'elaborazione ricordiamoci una regola fondamentale: non portare mai a zero il fondo cielo, altrimenti si perdono dettagli e naturalezza. La luminosità del fondo dovrebbe essere sempre intorno a 20-40 livelli, detti anche ADU. D'altra parte, attenzione a non esagerare nelle alte luci perché si rischia di saturare, ovvero rendere bianco e senza dettagli, tutto ciò che è già luminoso in partenza;

- Il passo successivo riguarda l'eliminazione degli inestetismi fastidiosi. In queste situazioni saranno quasi sempre gli effetti dell'inquinamento luminoso, che causano macchie colorate, dette anche gradienti di luce. I gradienti possono essere eliminati con software avanzati come PixInsight, attraverso, ad esempio, il "Dynamic Background Extractor", o manualmente con qualsiasi programma di fotoritocco. Un buon inizio è quello di applicare i consigli visti nel caso delle strisciate. Un metodo più invasivo prevede di selezionare a mano l'area interessata dalla chiazza di luce, sfumare la selezione di una generosa quantità (100-200 pixel) e agire, delicatamente, con curve, livelli, saturazione dei singoli canali o correzione selettiva del colore, solo sulla zona selezionata. Serve molta sensibilità in questo frangente altrimenti si rischia di rovinare l'immagine. Un ottimo consiglio è quello di fare foto da un cielo scuro, in cui i gradienti semplicemente non esistono. Alcuni preferiscono eseguire queste correzioni prima dello stretch, quando si è ancora nella cosiddetta fase lineare, ovvero quando la curva di intensità della foto non è stata modificata ed è ancora una retta. Solo l'esperienza personale saprà dire qual è il metodo preferito;

- Bilanciamento del colore. I colori, sicuramente, saranno da bilanciare. Un buon punto di partenza è fare un bilanciamento del bianco scegliendo una zona di cielo non contaminata dalle luci artificiali. Si può poi passare al bilanciamento dei singoli colori e alla regolazione della saturazione ma attenzione, perché esagerare è molto facile;

- Aumento dei contrasti. Questa fase si può fare quando si vuole ed è generalmente quella che può rendere ottima una foto o distruggerla definitivamente. Per aumentare il contrasto delle strutture visibili, ad esempio la Via Lattea, ci sono diversi metodi. Con software specifici, come PixInsight, agendo sul "Local Hystogram Equalizator"; con Photoshop applicando una leggera maschera di contrasto di raggio largo (diverse decine di pixel); con MaxIm DL provando l'effetto di un filtro adattivo di grande raggio. Andiamoci però piano.

4.10 Errori più comuni

L'elenco dei possibili errori si allunga inevitabilmente. Sorvolando su quelli già visti, come sottoesposizione, mancata messa a fuoco, un'elaborazione un po' troppo artistica, ce ne sono di nuovi che potrebbero farci perdere la testa:

- Esposizioni mosse. Succede sempre, a tutti gli astrofotografi, prima o poi. Spesso l'imputato è un cattivo stazionamento della montatura equatoriale verso il polo nord celeste. Il motore d'inseguimento era acceso? L'asse polare era puntato davvero sulla Polare? Sembra assurdo ma è una situazione più frequente di quanto si creda. Raramente, con obiettivi inferiori ai 50 mm di focale, un disallineamento del cannocchiale polare porta a stelle mosse. Può invece capitare di non aver stretto bene le viti di regolazione dell'asse polare e che quindi, durante le esposizioni, questo si sia spostato. Attenzione anche al terreno morbido o a una gamba del treppiede non stretta bene. Un piccolo cedimento della struttura può causare danni irreparabili. Se le singole pose sono mosse non c'è niente da fare: bisogna ripetere la serata;

- Esposizioni chiarissime. Vuol dire che abbiamo sovraesposto lo scatto. Se si raggiunge questo risultato con meno di 2 minuti di esposizione, vuol dire che abbiamo provato a fotografare da un cielo con troppe luci. In queste condizioni anche il telescopio spaziale Hubble sarebbe inutile;

- Nella fotografia grezza, dopo lo stacking, compaiono centinaia di strisce colorate, tra di loro parallele. Bene, Signori, abbiamo incontrato il problema più grosso di chi utilizza le reflex per fare foto al cielo: il rumore a pioggia. Questo si genera grazie a due contributi. Le singole foto, soprattutto se effettuate a una temperatura ambientale superiore a 20°C e con esposizioni più lunghe di 2-3 minuti, mostrano molto rumore, parte del quale non è casuale. Se durante la sessione di fotografia si verifica un lento disallineamento tra gli scatti, e questo succede in pratica sempre se si supera la mezz'ora di integrazione, questi puntini, nella fase di stacking, diventeranno delle sottili righe perché il software avrà fatto l'allineamento sulle stelle. Ci sono tecniche complesse e invasive per eliminare buona parte del rumore a pioggia agendo, ad esempio, con lo strumento polvere e grana di Photoshop sugli scatti singoli, prima di allinearli e sommarli. Se però vogliamo eliminare alla radice questo orribile effetto, abbiamo di fronte a noi due strade. La prima prevede di acquisire, durante la sessione fotografica, almeno 5-7 immagini, con la stessa durata e sensibilità, ma con l'obiettivo tappato. Sono chiamate dark frame e in pratica hanno il compito di mappare il rumore non casuale del sensore. Devono essere fatte alla stessa temperatura degli scatti, perché il rumore è molto sensibile anche a piccole variazioni. Se la temperatura non varia molto durante le riprese (meno di 2°C) allora i dark frame hanno un buon effetto. Gettati nel calderone di Deep Sky Stacker, o qualsiasi altro programma, questi vengono sottratti a ogni scatto e il rumore a pioggia dell'immagine finale si riduce fino a scomparire. L'altra soluzione, più efficace con tutti i sensori che non dispongono della regolazione della temperatura, si chiama dithering. È una parola strana (tanto per cambiare inglese) per descrivere un concetto semplice: tra uno scatto e l'altro si sposta la montatura in una direzione casuale, di pochissimo, in modo che il rumore dei singoli scatti non segua una linea retta causata dalla deriva del supporto, ma si disponga in modo casuale. Dopo lo stacking, queste odiose righe non saranno più presenti. Fare dithering è un'operazione più efficiente della sottrazione dei dark frame, per i sensori privi del controllo di temperatura, ma per la fotografia a grande campo è difficile da attuare perché dovrebbe essere fatta a mano. Per i coraggiosi che passeranno alla fotografia telescopica ci penserà il computer che gestisce la sessione di ripresa a fare tutto in automatico (o almeno così dovrebbe essere).

4.11 Suggerimenti per migliorare

Gli spunti per migliorare riguardano la tecnica di ripresa e, soprattutto, l'elaborazione:

- Nebulose pallide. Se con la reflex abbiamo fotografato la costellazione di Orione o la zona del Sagittario, alla ricerca delle splendide nebulose ben visibili anche con obiettivi dalla corta focale, ci saremo sicuramente accorti che queste sono sbiadite e prive di quelle tonalità rosso accese che tanto ci hanno fatto sognare su internet. Le reflex sono strumenti progettati per la fotografia diurna e tra le numerose limitazioni che questo comporta c'è anche una limitatissima sensibilità al rosso, in particolare alla riga alpha dell'idrogeno, a 656.3 nm, responsabile dell'accesa colorazione delle nebulose. L'unica soluzione è affidarsi a un laboratorio specializzato, che di solito vende anche materiale astronomico, per sostituire il filtro di fronte al sensore, responsabile del taglio di sensibilità nel rosso, con uno migliore. Questa operazione invalida la garanzia e ci costringerà a impostare manualmente il bilanciamento del bianco per le fotografie diurne, ma renderà la reflex molto sensibile al rosso delle nebulose;

- Come trovare il giusto tempo di esposizione dei singoli scatti, senza dover fare prove alla cieca. È più semplice di quanto si pensi e lo strumento magico si chiama istogramma. L'istogramma è un grafico che mostra la distribuzione luminosa di un'immagine. In ascissa c'è l'intensità e in ordinata il numero di pixel che hanno quella determinata intensità. Poiché una foto astronomica contiene molto fondo cielo, tutti gli istogrammi si somigliano, presentando un picco marcato verso valori molto bassi di luminosità (a sinistra). Il trucco per trovare la giusta esposizione si concentra quindi nell'osservare la posizione di questo massimo, che deve essere sempre ben staccato dal livello di luminosità nulla. Allo stesso tempo, non deve essere troppo spostato verso le alte luminosità; questo equivarrebbe a una foto sovraesposta. Il picco corrispondente al fondo cielo, quindi, dovrebbe trovarsi all'incirca tra il 10 e il 20% della scala. L'istogramma è il nostro miglior amico anche in fase di elaborazione. Una delle regole d'oro di una buona fotografia astronomica è infatti quella di evitare di nascondere la sporcizia sotto il tappeto, ovvero evitare di tagliare parte dell'istogramma nelle basse luci, magari cercando di nascondere qualche problema con il fondo cielo (già sentito anche questa? Bene!);

- In generale, sia nella fase di acquisizione che di elaborazione, chiedersi sempre se quello che vediamo è il massimo risultato possibile e come intervenire per risolvere i problemi. Mai innamorarsi della propria foto ma guardarla con senso critico. Piccolo trucco per evitare una sovra elaborazione: impariamo a trattare tutte le nostre foto visualizzandole al 200%. Quando inizieremo a notare piccoli difetti, ad esempio rumore, irregolarità nel fondo cielo, macchie di colore, stelle saturate, vorrà dire che saremo arrivati al limite della foto che, però, per fortuna ancora non si vedrà alle dimensioni originali. Se l'immagine di partenza è rumorosa e piena di difetti irrimediabili, un buon consiglio è quello di ridurla al 50%, tanto le reflex hanno fin troppi milioni di pixel.

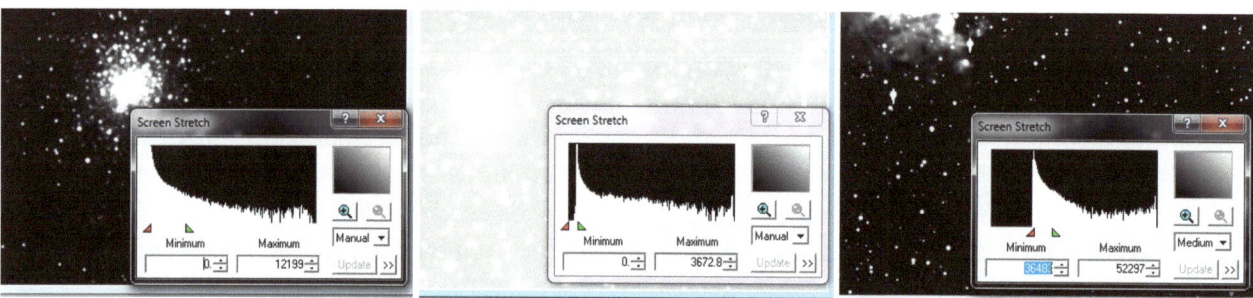

Controllo della corretta esposizione dei singoli scatti. A sinistra: istogramma troppo vicino al fondo cielo, addirittura tagliato. Al centro: esposizione corretta, in cui il picco e la piccola coda sono staccati dal fondo. A destra: una leggera sovraesposizione. Questa limita la dinamica e non apporta nulla in più rispetto ai dettagli ripresi dall'immagine al centro, poiché la luminosità del fondo cielo non consentirà di raggiungere profondità maggiori.

4.12 Risultati

Ci sono astrofotografi di fama mondiale che si dedicano esclusivamente al grande campo, senza aver mai collegato la fotocamera al telescopio. Questo basta per capire come i risultati possano essere incredibili. I fotografi specializzati nel grande campo hanno fatto una scelta di vita: invece di acquistare costosi telescopi e camere astronomiche, investono il denaro per viaggiare nei luoghi più suggestivi e bui del pianeta. Presto infatti scopriremo sulla nostra pelle che questa è una necessità, se vogliamo fotografare il cielo e non l'inquinamento luminoso, visibile anche a più di cento km dalle grandi città.

Le condizioni del cielo limitano moltissimo la profondità e la spettacolarità delle immagini a grande campo. Qui vediamo un esempio reale. A sinistra: cielo sub urbano con magnitudine superficiale di 20.5. Al centro: uno dei cieli migliori in Italia, con magnitudine superficiale 21.4. A destra: il cielo dell'Outback australiano, con magnitudine superficiale 21.9.

Via Lattea psichedelica e sfocata: un risultato normale agli inizi. Cielo con troppo inquinamento luminoso, singole esposizioni di 5 minuti a 1600 ISO troppo lunghe, elaborazione che non è riuscita a bilanciare i colori, né a ridurre il gradiente, obiettivo di serie 18-55 mm f3.5 di scarsa qualità. In ogni caso, in una situazione di questo tipo, l'elaborazione non potrà fare miracoli e il risultato sarà modesto. La soluzione? Migliorare la tecnica di acquisizione e scegliere un cielo più scuro.

Stessa regione della Via Lattea, sei anni dopo e 10 mila km più a ovest, sotto il meraviglioso cielo del Bryce Canyon. Obiettivo 28 mm f2.8, chiuso a f4 di ottima qualità, messa a fuoco impeccabile, cielo nero come la pece, singole esposizioni di 90 secondi a 1600 ISO. Media di 15 immagini con Deep Sky Stacker. Fotocamera Sony A7s e montatura EQ2 Astrofoto. Elaborazione meno aggressiva e più attenta. Un paio di aerei hanno arricchito, come al solito, la scena.

Anche dai cieli italiani si possono ottenere ottime foto. Il muro di stelle nella costellazione dell'Aquila è una delle regioni più dense della Via Lattea visibili dall'emisfero nord. Canon 450D, obiettivo 50 mm f1.8 chiuso a f4, montatura EQ3.2 motorizzata. Media di 15 immagini da 5 minuti a 400 ISO. Foto eseguita a 30 km da Perugia, a 800 metri di quota. Qualità del cielo: magnitudine superficiale 21.2.

Approfondimento: *Elaboriamo insieme un'immagine a grande campo*

L'elaborazione è una ricetta personale: può essere fatta in molti modi e con diversi programmi. Inoltre, va adattata a ogni foto, perché ognuna fa storia a sé. Di seguito riporto un esempio di elaborazione di una mia sessione sulla Via Lattea, eseguita il 18 agosto 2017 dal Wyoming, sotto un cielo molto scuro. Fotocamera Sony A7s, obiettivo sony 50 mm f 1.8 chiuso a f4 e somma di 13 scatti da 90 secondi a 1600 ISO, utilizzando la mia fidata montatura EQ2 Astrofoto. L'integrazione è relativamente poca ma, grazie al cielo perfetto e alla fotocamera digitale molto performante, è stata più che sufficiente per restituire potenzialmente un'ottima fotografia.

Le immagini, in formato RAW, sono state allineate e sommate con Deep Sky Stacker, secondo le impostazioni di default. Non sono stati acquisiti dark frame (cosa saranno mai?). Come programma di elaborazione ho scelto Photoshop, ma avremo modo di vedere come le operazioni che seguono possono essere fatte con ogni software di elaborazione fotografica. Poiché Deep Sky Stacker ha fornito una versione quasi monocromatica dell'immagine (mistero!), ho deciso di lavorare sul file "Autosave.tif" che crea in automatico. A volte questo è più facile da gestire dell'immagine salvata direttamente dal programma.

Cominciamo!

Ecco l'immagine RAW aperta con Photoshop. Non sembra invitante, ma già sappiamo che è solo apparenza.

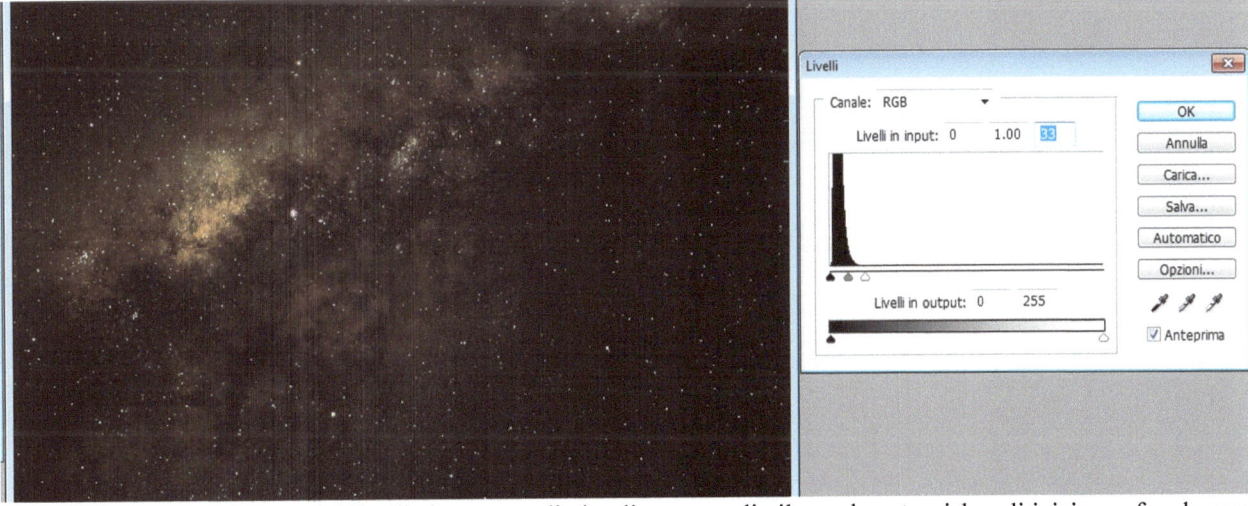

Una grossolana regolazione dei livelli ci permette di visualizzare meglio il grande potenziale e di iniziare a fare le cose sul serio. Da notare il fondo cielo lasciato piuttosto chiaro. Meglio lavorare così e abbassarlo alla fine, se necessario, altrimenti rischiamo di perdere molti dettagli.

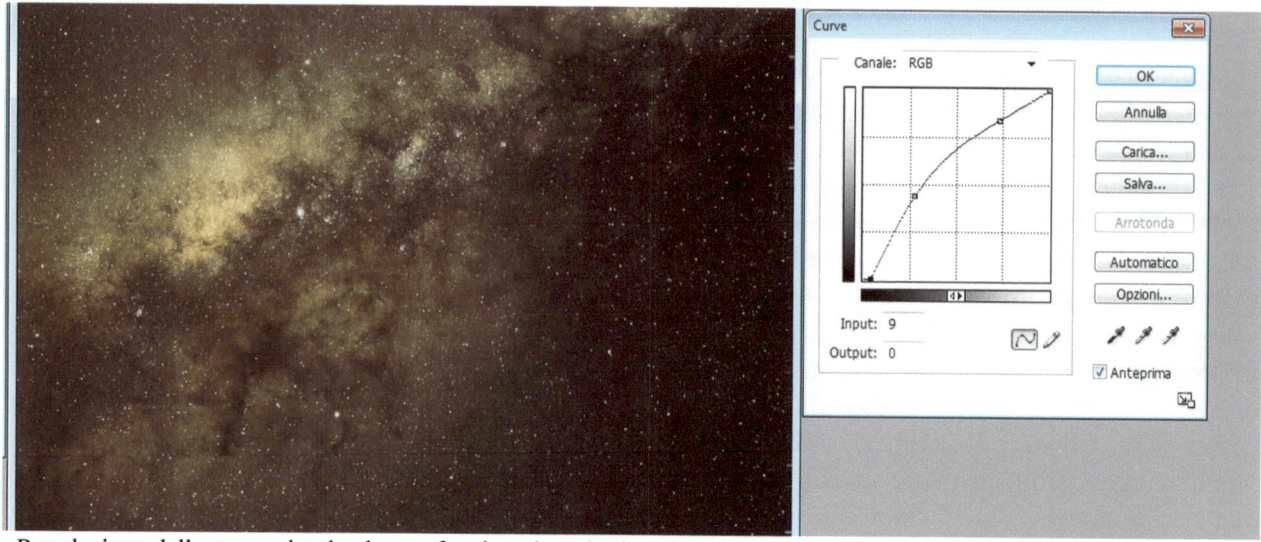

Regolazione delle curve simulando una funzione logaritmica che permette di alzare le basse luci senza saturare le alte. Ora l'immagine è meno contrastata.

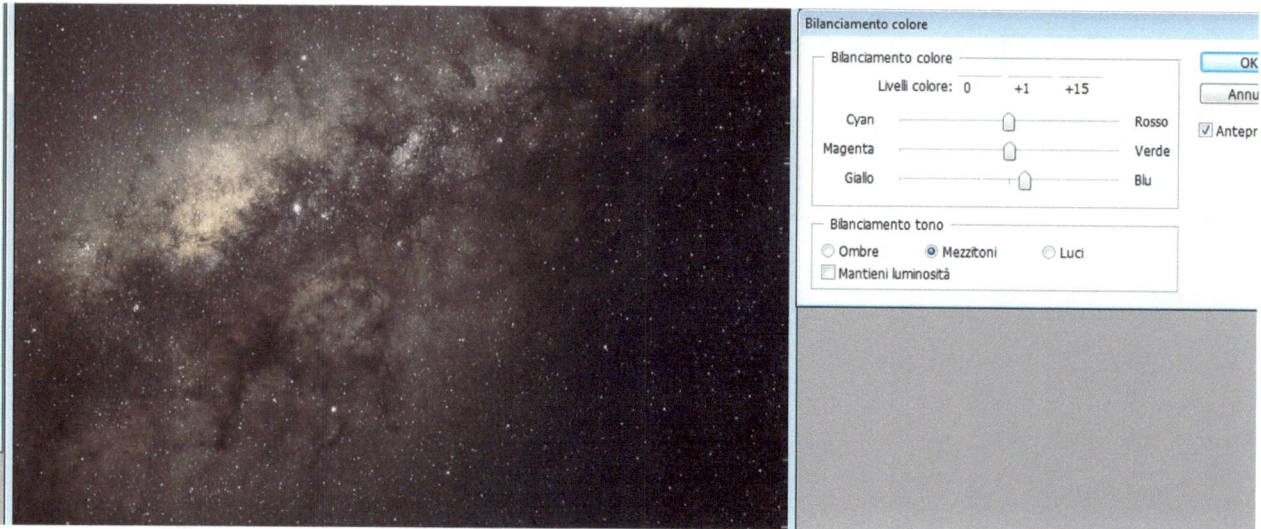

Prima, grossolana, regolazione dei colori, andando a occhio e agendo sulle ombre, sulle luci e sui mezzitoni. Ora l'immagine inizia a essere già gradevole. Cos'altro potremmo fare?

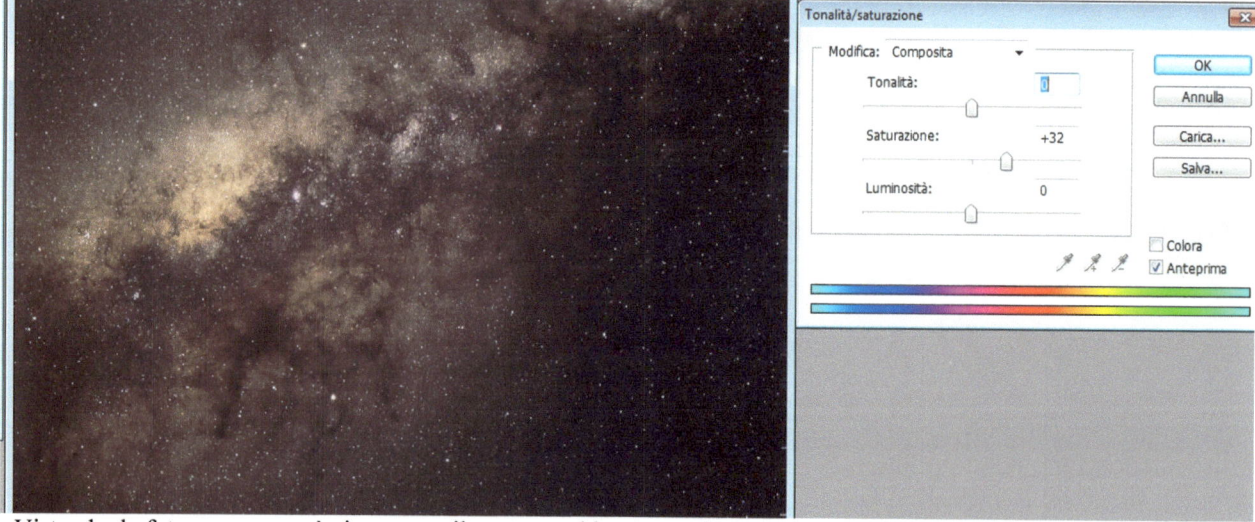

Visto che la fotocamera non è cieca come il nostro occhio, aumentiamo la saturazione per far vedere i colori. Ora, però, è evidente che questi tendano un po' troppo al rosso. Quindi...?

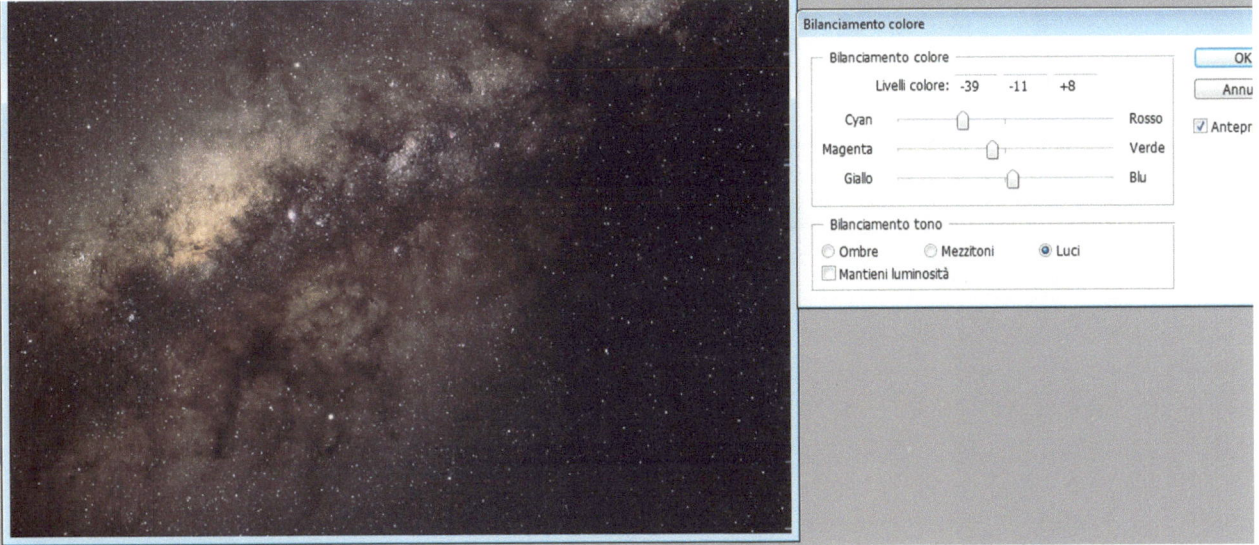
Regolare di nuovo i colori. Non sono ancora perfetti ma per in momento ci accontentiamo. Osserviamo bene l'immagine. Cosa notiamo che non va? Forse un leggero gradiente di luminosità, con il lato destro più scuro di quello sinistro?

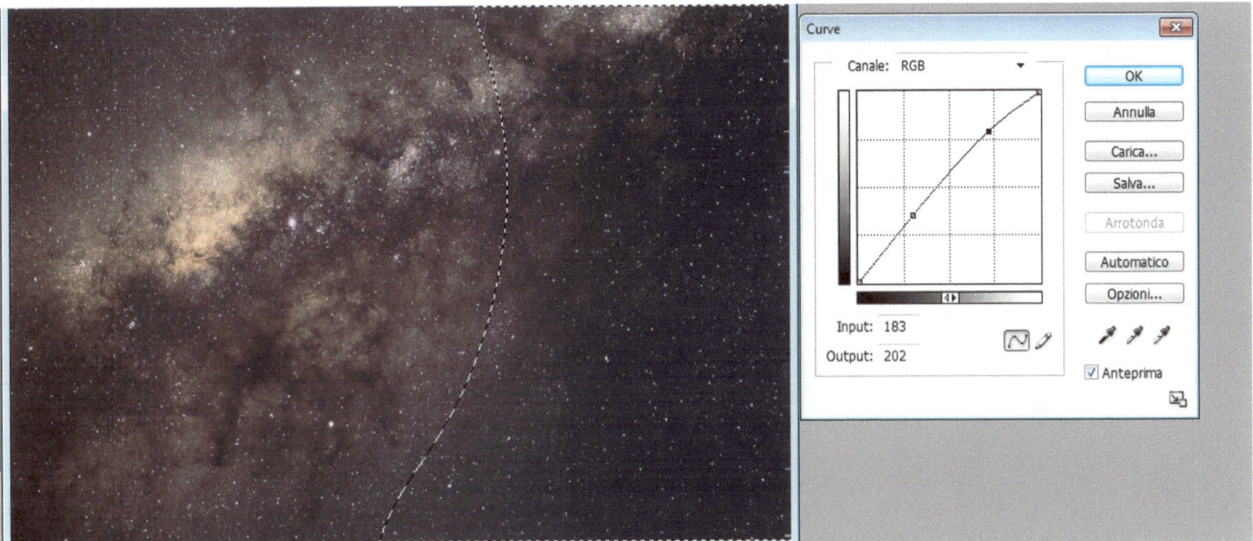
Strumento lazo, sfumatura di ben 200 pixel e regolazione, gentile delle curve. Ma c'è un problema anche con il colore.

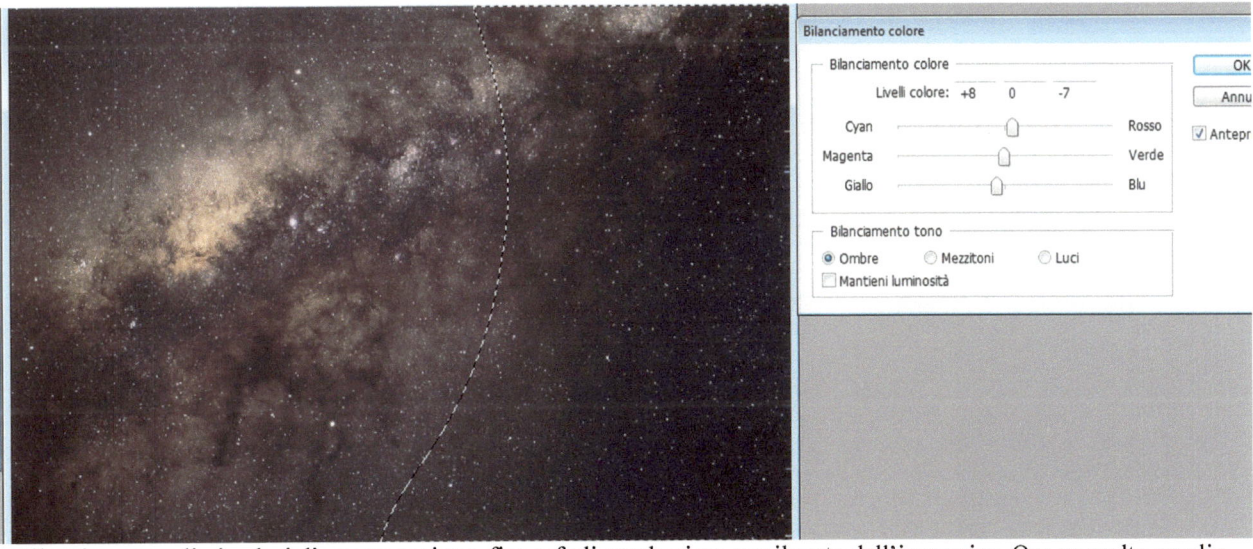
Bilanciamo meglio i colori di questa regione, fino a farli combaciare con il resto dell'immagine. Ora va molto meglio.

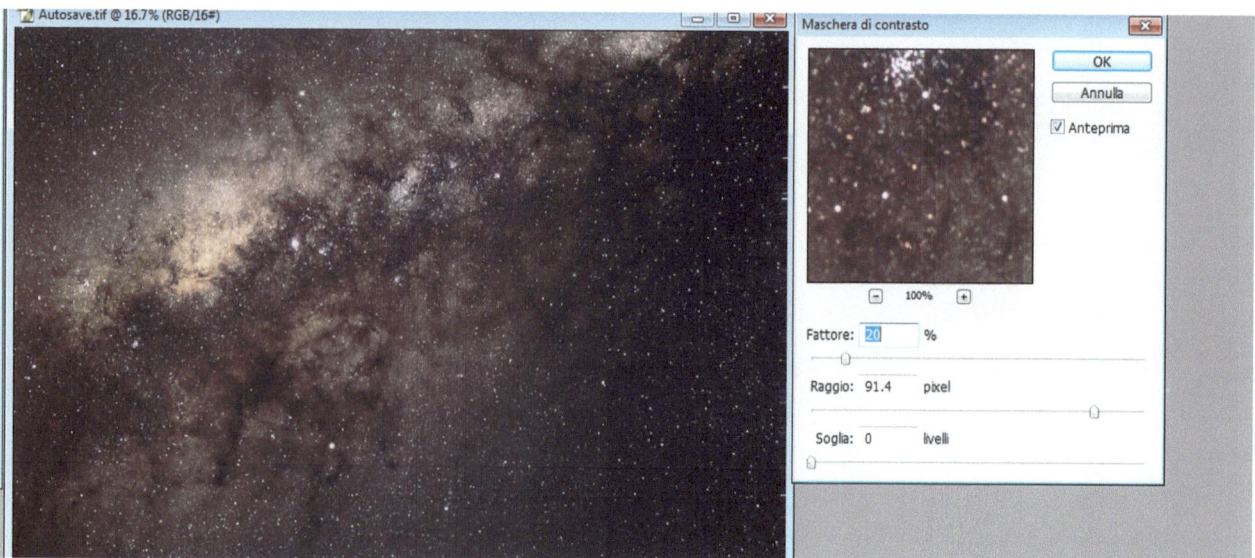

Cancellata la selezione precedente, diamo un po' di vigore ai dettagli con una maschera di contrasto a largo raggio.

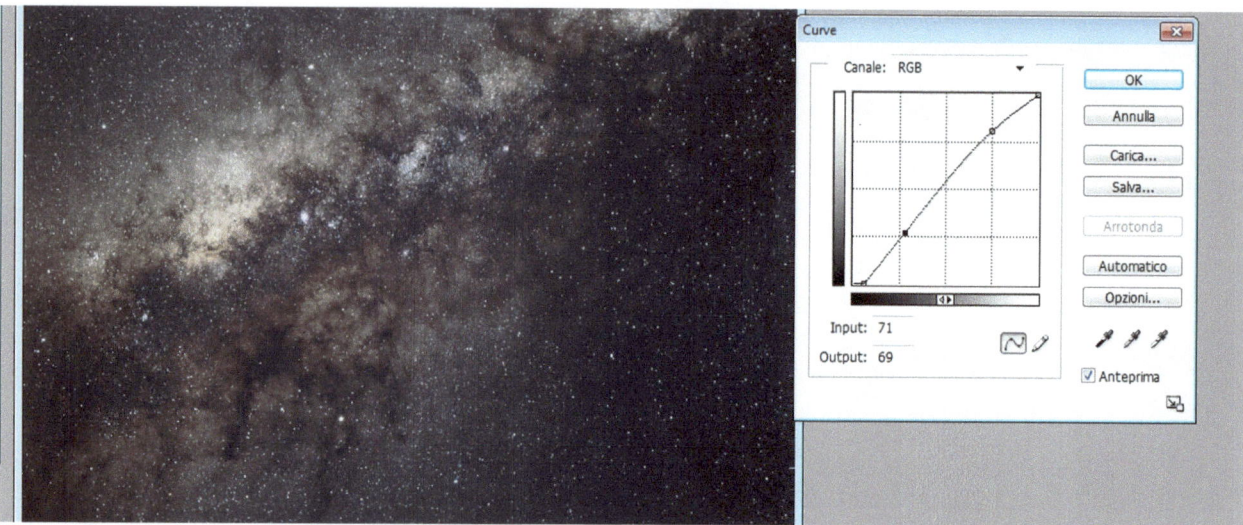

Siamo fortunati: il bilanciamento del colore perfetto si raggiunge con la funzione "colore automatico" di Photoshop. Non resta che regolare un po' le curve e abbiamo finito. Foto contrastata e colorata, ma senza essere diventata un quadro astratto.

Zoom al 200% che mostra come non ci sia ancora traccia di rumore. Questo è l'ingrandimento al quale dovremmo fare tutte le operazioni, qui riportate a dimensioni ridotte solo per una questione di chiarezza. Potremmo fare altro all'immagine? Chi è più smaliziato potrebbe considerare la deconvoluzione. Non la fa Photoshop. Quella di PixInsight è molto potente.

5. Concetti generali di fotografia al telescopio

Si apre la seconda parte di questa guida, superando delle immaginarie colonne d'Ercole che tracciano il confine tra la fotografia a grande campo e quella attraverso il telescopio, con tutti i problemi e le tecniche che si porta dietro.

Fino a questo punto ci siamo divertiti facendo fotografie con obiettivi o piccoli teleobiettivi, utilizzando il telescopio, al massimo, come supporto sul quale montare la fotocamera, o per fare qualche scatto in libertà alla Luna con lo smartphone.

È arrivato il momento tanto atteso, quello della fotografia attraverso il telescopio. Questa si divide in due grandi branche: 1) Fotografia in alta risoluzione di Luna, Sole (CON FILTRO!), pianeti; 2) Fotografia degli oggetti del cielo profondo, ovvero ammassi stellari, nebulose e galassie. Non ho inserito le stelle perché queste, come all'osservazione visuale, non offrono chissà quale spettacolo, sebbene la fotografia di alcune stelle doppie possa essere un piacevole svago.

Le due branche della fotografia telescopica differiscono totalmente tra di loro. Vedremo meglio i dettagli nei singoli progetti ma, tanto per iniziare, dobbiamo sapere che la fotografia dei pianeti sfrutta il potere risolutivo del telescopio, quindi verrà fatta ad alti "ingrandimenti" e non richiederà fotocamere troppo complesse poiché sono tutti molto luminosi. La fotografia deep-sky, così viene chiamata in onore al nostro amore(?) per gli inglesismi, sfrutta invece la capacità di raccolta della luce dei telescopi. Poiché gli oggetti del cielo profondo sono milioni di volte più deboli di qualsiasi scena terrestre, verranno richieste lunghe esposizioni, come abbiamo già visto per il grande campo, con qualche piccola e masochistica variazione sul tema.

Scrivere una guida che descriva punto per punto tutti i passi da seguire per fare questo tipo di fotografie, proprio come ho fatto fino ad ora, sarebbe più facile per me e per i lettori, che però si limiterebbero a seguire passivamente i punti, senza ragionare e senza quindi capirne i motivi.

Come ho cercato di insegnare anche negli altri progetti, il successo dell'astrofotografo dipende dalla sua capacità di dominare la situazione, di affrontare gli innumerevoli problemi, di imparare dai propri errori e di sapersi adattare a tutte le diverse situazioni che si verificheranno durante le sessioni di fotografia astronomica. Le guide hanno il compito di insegnare le basi affinché il lettore possa poi proseguire con le proprie gambe o, meglio, con la propria testa.

Quando si parla di fotografia al telescopio, comprendere le problematiche e le diverse situazioni diventa ancora più importante, perché siamo lontani anni luce dal concetto di fotografia classica. Se quindi presteremo attenzione a questa parte introduttiva, arriveremo addirittura a intuire le tecniche di ripresa e la strumentazione necessaria, prima che vengano svelate in dettaglio nei relativi progetti. Una soddisfazione mica da poco!

La fotografia al telescopio non si improvvisa: è costosa, richiede attenzione quasi maniacale, pazienza, costanza e la conoscenza di alcuni concetti base dell'osservazione astronomica. Per questi motivi è caldamente consigliato compiere il passo solo dopo aver fatto la necessaria esperienza con l'osservazione visuale, aver compreso il funzionamento dei diversi tipi di montature, saper utilizzare una montatura equatoriale, essere in grado di fare la collimazione e comprendere quali sono le serate adatte a fare foto. Molti concetti riguardanti telescopi e osservazione verranno dati per scontati d'ora in poi. È sia un'esigenza di sintesi, altrimenti questo libro diventerebbe più lungo de "Il Signore degli Anelli", ma è anche un test per i lettori. Chi non riuscisse a seguire bene il testo d'ora in poi, ponendosi domande senza risposta su concetti che esulano l'ambito fotografico, vuol dire che è ancora carente della necessaria preparazione che un buon libro di astronomia pratica può dare (si veda la bibliografia a tal proposito).

5.1 Un accenno alla tecnica di ripresa

Fotografia planetaria o del profondo cielo, sebbene molto diverse, hanno alcune cose in comune, a cominciare dalle basi della tecnica di ripresa. Nel primo progetto abbiamo affrontato il metodo afocale ma, se lo abbiamo sperimentato e magari approfondito, ci saremo accorti di quanto sia scomodo e difficile. Ora che siamo cresciuti, quelle prime foto che ci sembravano eccezionali probabilmente non ci piaceranno nemmeno più, perché abbiamo iniziato a capire che sono piene di difetti e che di certo non raggiungono il limite dello strumento.

Se ci mettiamo a pensare bene a quella esperienza, capiamo che il problema è spalmato su due punti deboli: un sensore che non è di alta qualità e la lunga sequenza di lenti interposte, con particolare attenzione a quelle, di certo non eccezionali, dell'obiettivo della fotocamera. C'è modo per evitare tutte queste complicazioni? Certamente, visto che ogni telescopio è, a tutti gli effetti, un enorme teleobiettivo. Togliendo l'oculare, l'eventuale diagonale a specchio e l'obiettivo dalla fotocamera, potremmo collegarla direttamente al telescopio. Questa tecnica si chiama "fuoco diretto" ed è uno dei capisaldi della fotografia al telescopio: la fotocamera si inserisce nello strumento priva di qualsiasi obiettivo. Per variare l'eventuale "ingrandimento" potremmo aggiungere quello che i fotografi chiamano duplicatore di focale e che in astronomia è chiamata lente di Barlow. Nei casi più estremi si potrà usare un oculare e operare in proiezione di oculare. Queste situazioni, però, riguardano solo alcuni casi particolari, ovvero la fotografia planetaria. Per la fotografia del profondo cielo, infatti, vista la debolezza dei soggetti e la loro grande estensione, servirà solo una cosa: una grande luminosità dello strumento, quindi al massimo si parlerà di riduttori di focale e non certo amplificatori.

5.2 Scala dell'immagine o campionamento

Nell'osservazione visuale si parla di ingrandimento, un concetto semplice da capire. Quando però utilizziamo il nostro telescopio come un grosso teleobiettivo, la parola ingrandimento perde significato perché non si ha più un'immagine ingrandita formata da un oculare. È per questo motivo che il termine, nei precedenti paragrafi, è stato usato tra virgolette. Nella fotografia astronomica, e in generale nella fotografia, si parla di scala dell'immagine, o campionamento.

Il campionamento ci dice qual è la risoluzione, teorica, raggiunta accoppiando un determinato obiettivo a un certo sensore. È teorica perché non considera le prestazioni reali dell'obiettivo/telescopio, quindi non è detto che sia effettivamente raggiunta.

Non si può parlare di campionamento senza considerare l'accoppiata sensore-obiettivo, perché questo dipende dalla focale equivalente dell'obiettivo e dalle dimensioni dei pixel del sensore. Per focale equivalente si intende la focale reale. Se ad esempio si utilizza una lente di Barlow 2X, questa sarà il doppio di quella nativa. Date queste due grandezze, il campionamento risultante si calcola con la seguente formula:

$$c = d/F * 206265$$

dove d = dimensioni dei pixel del sensore, espressi in millimetri (ricordarsi che un micron = 0.001 millimetri) e F = focale del telescopio, sempre espressa in millimetri. Il fattore 206265 converte il risultato da radianti su pixel a secondi d'arco su pixel.

Grazie al concetto di campionamento abbiamo quasi tutte le informazioni che ci servono per affrontare con consapevolezza la fotografia attraverso il telescopio, dalla scelta del sensore all'acquisto del miglior strumento per le nostre esigenze.

Altri due concetti fondamentali completano il quadro:

    1) Potere risolutivo dello strumento, che nel visibile è dato dalla formula semplificata R = 120/D, con D = diametro obiettivo del telescopio espresso in millimetri. Si tratta di un caso ideale in cui il telescopio ha ottiche ben lavorate, è perfettamente collimato e, soprattutto, non c'è il disturbo della turbolenza atmosferica. Questo valore, quindi, rappresenta un limite inferiore invalicabile: molte volte la risoluzione reale sarà peggiore, ma di certo non potrà essere

migliore di quanto stabilito dalle leggi della fisica. Si comprende già che lavorare con una scala dell'immagine molto più piccola di questo valore porterà sempre a immagini sfocate;

2) Turbolenza atmosferica, imprevedibile e non parametrizzabile con una formula. Il suo effetto sull'immagine è simile a una sfocatura ed è tanto maggiore quanto più lungo è il tempo di esposizione. Con tempi di esposizione di qualche millesimo di secondo si può sperare di "congelare" la turbolenza e ottenere qualche scatto al limite del potere risolutivo teorico del telescopio. Quando i tempi aumentano oltre un secondo, a meno di non trovarsi nel deserto di Atacama, la turbolenza riduce la risoluzione effettiva a 1.5-2 secondi d'arco, nella migliore delle ipotesi. Non importa quanto sia alto il potere risolutivo del telescopio, né piccola la scala dell'immagine usata: le immagini non avranno mai una risoluzione nettamente migliore di questi valori, tranne casi eccezionali. In queste due situazioni possiamo già vedere l'enorme fossato che divide la fotografia planetaria da quella del profondo cielo. I pianeti sono infatti molto luminosi e possono essere fotografati con tempi di esposizione brevissimi. Gli oggetti deep-sky, invece, sono tutti talmente deboli che anche nei casi più favorevoli non si potranno fare esposizioni più brevi di qualche secondo, con la conseguente risoluzione determinata dalla turbolenza. Capiamo, quindi, subito, che per la fotografia a lunga esposizione di ammassi stellari, nebulose e galassie, il diametro del telescopio non è fondamentale e che non avrà molto senso lavorare a una piccola scala dell'immagine, tanto la risoluzione teorica dello strumento non la raggiungeremo (quasi) mai.

Queste due variabili ci aiutano a definire il concetto di **campionamento massimo**, sia per la fotografia planetaria che per quella deep-sky. Il campionamento massimo è la più piccola scala dell'immagine che consente di catturare al sensore il massimo potere risolutivo effettivo. Nel caso dei pianeti questo sarà dato, nelle serate più favorevoli, dalla risoluzione teorica del telescopio, mentre nel caso della fotografia deep-sky sarà determinato dalla turbolenza atmosferica media. Il campionamento massimo è definito, empiricamente, come la scala dell'immagine necessaria affinché il più piccolo dettaglio registrabile venga spalmato su tre, massimo quattro, pixel.

Nella **fotografia ad alta risoluzione**, dove interessa massimizzare la risoluzione, il campionamento massimo è definito anche come **campionamento ideale**, o ottimale e nel visibile è dato dalla relazione approssimata: $C_{ott} = 40/D$, con D = diametro del telescopio espresso in millimetri. Considerando un telescopio da 20 centimetri di diametro, quindi con potere risolutivo teorico di 0.60 secondi d'arco, il campionamento ideale sarà intorno a 0.19-0.20 secondi d'arco per pixel. A prescindere dal diametro dello strumento, il campionamento ideale si raggiunge a f13 per pixel da 2.4 micron, a f20 per pixel da 3.75 micron e a f 30 per pixel da 5.8 micron.

Nella fotografia deep-sky, considerando la turbolenza media dell'ordine di 2 secondi d'arco (molto variabile da luogo a luogo), il campionamento massimo sarà dell'ordine di 0.7 secondi d'arco su pixel. In questa circostanza, però, non parliamo di campionamento ideale perché la risoluzione non è la priorità della fotografia deep-sky. Si può lavorare senza problemi con una scala dell'immagine maggiore, ad esempio se si esige un campo di vista più esteso e dettagli più scolpiti. Questo valore è quindi un limite inferiore che ci suggerisce quali sono le accoppiate telescopio-sensore da scartare nella scelta del proprio setup. Sarà infatti assurdo pensare di fare fotografia deep-sky di alto livello con un telescopio da due metri di focale e un sensore con pixel da 3 micron, la cui scala dell'immagine di 0.30 secondi d'arco per pixel non consentirà mai di sfruttare tale risoluzione, a prescindere dal diametro dello strumento. Il risultato, anzi, sarà quello di avere stelle grosse come palloni da calcio, in un campo confuso e poco contrastato, per di più troppo stretto per fotografare la maggior parte delle nebulose diffuse.

5.3 Le caratteristiche delle fotocamere per la fotografia al telescopio

Le reflex, strumenti economici e versatili che abbiamo ampiamente usato fino a questo momento, hanno forti limiti nella fotografia astronomica. Ci siamo già scontrati con alcuni fastidiosi difetti, come il rumore a pioggia e la mancanza di sensibilità nel rosso, che costringe a una costosa e pericolosa modifica. Nella fotografia al telescopio questi limiti si amplificano e determinano, di fatto, la qualità massima dei risultati raggiungibili. Benché alcune interessanti fotografie possano essere condotte ancora con le reflex, soprattutto se siamo agli inizi e vogliamo imparare la tecnica, prima o poi ci dovremo guardare intorno se vorremo ottenere risultati migliori. Il quando dipende dalle nostre esigenze, dalle disponibilità economiche e dal tipo di fotografia telescopica che sceglieremo di approfondire. Per le riprese in alta risoluzione la reflex sarebbe da abbandonare subito, se non altro perché le fotocamere adatte costano persino di meno. Per la fotografia del profondo cielo possiamo divertirci molto, se usiamo piccoli telescopi e ci dedichiamo a oggetti luminosi ed estesi, come ammassi stellari aperti e grandi nebulose. Per la fotografia di oggetti piccoli, come le galassie, o deboli come alcune nebulose, le reflex non sarebbero neanche da considerare.

Camere astronomiche. A sinistra: una ASI 120, economica camera planetaria e di autoguida. Al centro: una delle nuove camere con sensore CMOS raffreddate, in questo caso una QHY163M, che si può utilizzare anche per le riprese planetarie. A destra: una Moravian G8300 monocromatica, equipaggiata con un sensore di tipo CCD e ruota portafiltri integrata, dedicata solo alle foto a lunga posa. Dato l'elevato costo dei CCD, probabilmente questi verranno sostituiti dai CMOS anche nella fotografia astronomica. In quella naturalistica l'avvicendamento è avvenuto sin dalla metà degli ani 2000.

5.3.1 Camere a colori e monocromatiche

Una delle differenze più evidenti tra la fotografia naturalistica e quella astronomica è che le fotocamere possono essere sia a colori che in bianco e nero. Non esistono (ancora) in commercio reflex simili, mentre tutti i più bravi astrofotografi utilizzano fotocamere monocromatiche. Perché?

Tutti i sensori digitali nascono monocromatici, perché si limitano a raccogliere la luce in una banda compresa tra 300 e 1000 nm, senza fare distinzione di lunghezze d'onda. Per ottenere immagini a colori, quindi, bisogna intanto limitare la banda passante a quella visibile all'occhio umano, ovvero tra 400 e 700 nm e sovrapporre ai pixel una fittissima griglia di filtri colorati, detta matrice di Bayer. Sulla metà dei pixel ci sono filtri verdi, su ¼ rossi e sul restante ¼ blu. L'immagine a colori viene creata dal software della fotocamera combinando le informazioni provenienti dai tre canali colore (R = rosso, G = verde, B = blu). Anche adottando complesse tecniche di interpolazione, la risoluzione sarà inferiore rispetto a quella di un sensore privo di filtri e la profondità raggiunta sarà minore. Stiamo parlando di perdite comprese tra il 30 e il 50%: mica poco! Inoltre, le camere monocromatiche permettono di scegliere la banda nella quale fotografare. Riprendere nel vicino ultravioletto le nubi di Venere, utilizzare un filtro passa infrarosso per aumentare i contrasti planetari, oppure effettuare scatti a banda stretta sull'emissione delle nebulose e fotografare anche dalla città, sono tutte attività che le camere a colori fanno con enorme fatica e scarsi risultati. Sono questi i motivi per cui gli astrofotografi esperti si complicano la vita acquistando camere monocromatiche: non c'è miglioramento senza fatica.

Per ottenere un'immagine a colori con sensori monocromatici dobbiamo fare tre esposizioni con i filtri colorati RGB, montati su una ruota portafiltri motorizzata. La tricromia RGB è molto utilizzata per le immagini in alta risoluzione dei pianeti. Per quanto riguarda il profondo cielo, invece, la tecnica più conveniente è denominata quadricromia LRGB e prevede di acquisire ben quattro fotografie. A differenza delle riprese RGB classiche, in questo caso se ne fa un'altra, di solito in tutta la banda di sensibilità del CCD, che costituirà il canale L, la luminanza. L'immagine di luminanza conterrà i contrasti e i dettagli della nostra foto, ma sarà priva di colore. Questo verrà aggiunto da una veloce ripresa RGB, che quindi potrà concentrarsi solo sull'informazione del colore, tralasciando (entro certi limiti) la massima risoluzione e la pulizia dell'immagine. In commercio c'è una vasta scelta di filtri, detti parafocali perché possiedono lo stesso punto di fuoco. Tra i migliori ci sono i Baader.

Poiché imparare a fare le foto al telescopio è una delle esperienze più difficili della vita, è meglio non mettere troppa carne al fuoco e iniziare nel modo più semplice possibile: con camere a colori. Solo quando avremo sfruttato in pieno il loro potenziale, e potrebbero volerci anni, potremmo pensare di fare il salto qualitativo definitivo. L'importante è non avere fretta, perché quasi sempre il problema con le nostre foto non è il sensore, anzi, questo è proprio l'ultimo dei nostri pensieri.

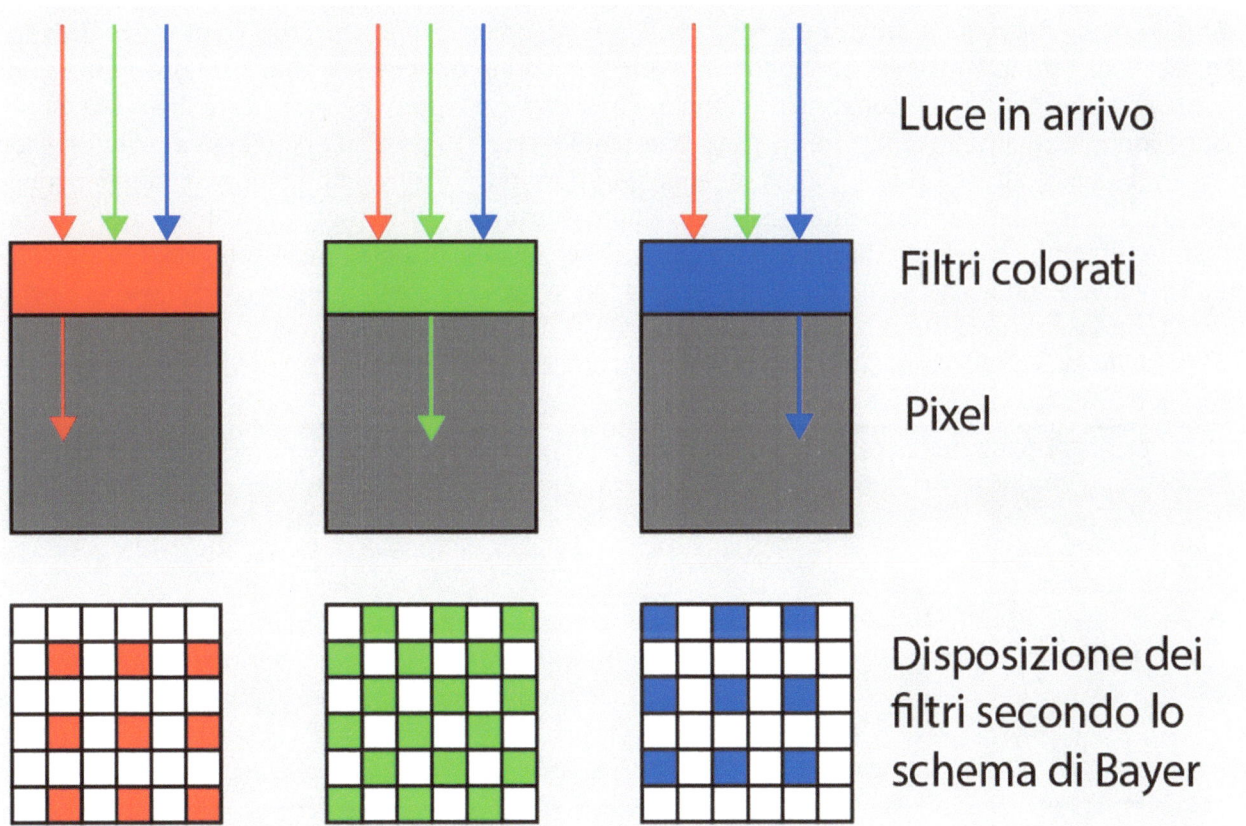

Distribuzione dei filtri secondo lo schema di Bayer sui sensori a colori. Per la legge di conservazione dell'energia, il tempo e il denaro risparmiati acquisendo un'immagine a colori si pagano con una minore sensibilità e risoluzione dell'immagine rispetto a uno stesso sensore monocromatico.

5.3.2 Punti di forza veri e presunti

L'altra grande differenza tra i sensori fotografici e quelli per la fotografia astronomica riguarda le fotocamere concepite per il profondo cielo. Ricordiamo quel fastidioso rumore a pioggia, nelle foto a lunga esposizione, che ho suggerito di eliminare con delle strane immagini chiamate dark frame e dipendenti dalla temperatura? Bene, un modo efficace per ridurre e tenere sotto controllo il rumore elettronico dei sensori è quello di raffreddarli. Tutte le fotocamere dedicate alla fotografia a lunga esposizione dispongono di un efficiente sistema di raffreddamento che può portare il sensore fino a 50°C sotto la temperatura ambientale e controllarla con la precisione di un decimo di grado. Questa è la vera rivoluzione rispetto alle reflex digitali, perché lavorando a -20°C, o meno, il rumore si riduce di centinaia di volte e diventa possibile fare lunghe esposizioni senza alcun problema, mostrando i dettagli degli oggetti deboli.

Giunti quasi alla fine di questo capitolo, non sono stati nominati ancora i miliardi di mega pixel necessari per fare belle foto e la disponibilità di sensori full frame o addirittura più grossi. Lasciamo perdere il mondo della fotografia naturalistica e quello che ci fa credere il mercato, perché in fotografia astronomica non conta molto il numero di pixel e il grande formato è addirittura dannoso.

Un sensore con più di 10-15 milioni di pixel (Mp) ha due caratteristiche molto sfavorevoli: 1) Un campionamento troppo elevato, soprattutto per la fotografia del profondo cielo, perché i pixel saranno sicuramente molto piccoli; 2) Bassa sensibilità e dinamica. In pratica, più i pixel sono piccoli e meno luce raccolgono, prima si riempiono di carica elettrica, con il risultato che i livelli di luminosità reali decrescono esponenzialmente.

Un sensore dalle dimensioni enormi, ad esempio un full frame, è più che altro una sciagura perché per le immagini planetarie è inutile, viste le modeste dimensioni dei pianeti, e nella fotografia del profondo cielo costringe a utilizzare strumenti con un enorme campo corretto. Questo significa aggiungere uno zero al costo, già per nulla economico, dei telescopi che possono sfruttare l'estensione di un sensore full frame. Di conseguenza, non si ha nessun vantaggio nel sacrificare dinamica, sensibilità e contrasto dell'immagine utilizzando sensori molto estesi e con tanti pixel. I più sensibili sensori scientifici amatoriali, addirittura, hanno dimensioni inferiori a 15 mm (lato lungo) e rendono persino superfluo l'uso di un correttore di coma, o spianatore di campo, per telescopi più chiusi di f5: un bel risparmio di tempo e denaro! Osservare le fotografie scattate dai più bravi astrofotografi aiuta a comprendere quali sono le caratteristiche importanti di una fotocamera astronomica e, se si osserva bene, nessuno tra i migliori astrofotografi utilizza sensori full frame e con più di 6-10 Mp per le immagini del profondo cielo; addirittura 2-3 Mp per quelle ad alta risoluzione.

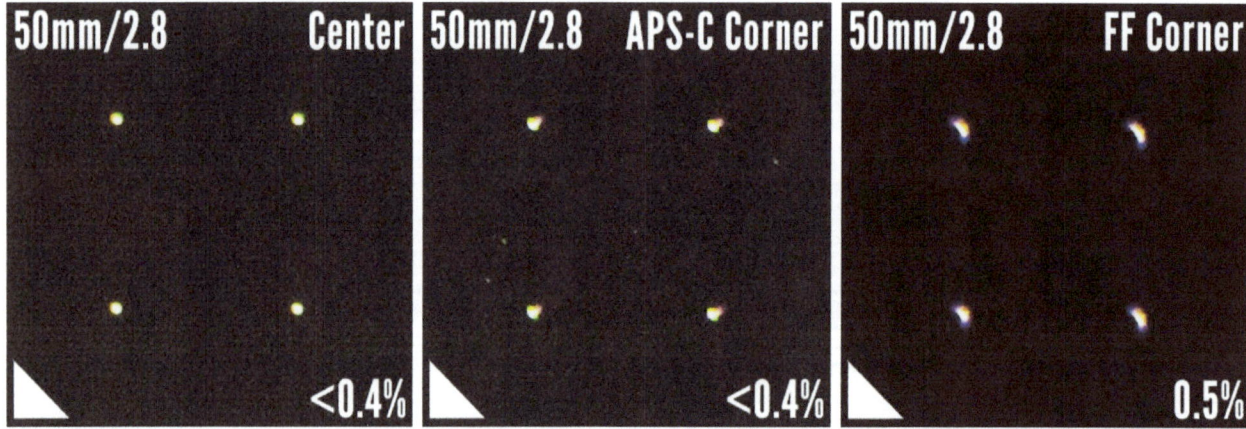

Da grandi sensori derivano grandi rogne. A sinistra, il comportamento di un classico obiettivo fotografico al centro del campo. Al centro: in uno degli angoli di un sensore tipo APS-C. Le stelle iniziano a essere deformate ma sono ancora accettabili. A destra: agli angoli di un sensore full frame. In questo caso le stelle sono troppo deformate. La soluzione è tagliare la foto (crop), quindi ritornare alle dimensioni di un sensore APS-C e allora non si capisce perché si sono spesi tanti soldi per un sensore full frame che non possiamo sfruttare. L'alternativa è dotarsi di obiettivi e telescopi corretti fino a queste dimensioni, ma dovremmo vendere un rene a ogni acquisto. In astronomia un sensore full frame non viene mai sfruttato se non con telescopi od obiettivi estremamente costosi. Risultati ottimi e più economici si ottengono con telescopi con focale minore utilizzando un sensore di tipo APS-C o minore.

Nella fotografia planetaria un sensore full frame è una follia, al punto che nessun astroimager pensa minimamente a usarne uno per fotografare i piccoli pianeti.

6. Fotografia in alta risoluzione

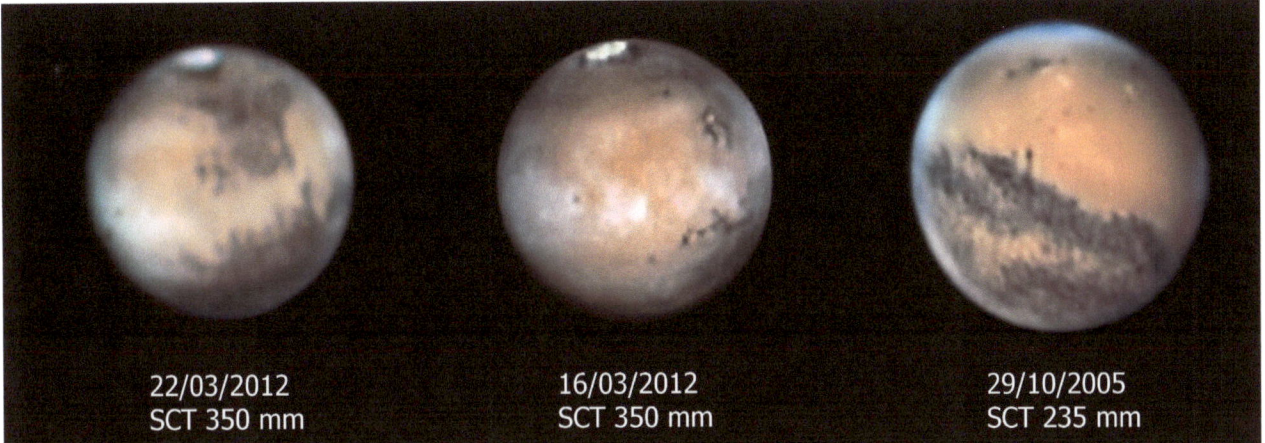

Il meraviglioso pianeta Marte, il più suggestivo da fotografare grazie alla somiglianza con la Terra, fotografato con diversi telescopi e in differenti periodi.

6.1 Cosa fotografare

Luna, Sole (con un filtro!) e i pianeti del Sistema Solare in alta risoluzione, attraverso il telescopio. Si acquisiscono migliaia di singoli fotogrammi con una videocamera, si selezionano i migliori, si mediano e si ottiene l'immagine da elaborare con dei filtri di contrasto, che mostrerà straordinari (si spera) dettagli.

6.2 Perché

La fotografia planetaria è ricca di soddisfazioni perché i risultati sono spettacolari, comparabili con quelli ottenibili da molti telescopi professionali. I pianeti, inoltre, sono variabili nel tempo, quindi mostrano sempre dettagli differenti. Ultimo, ma non per importanza: è il più economico, veloce e facile fra i tipi di fotografia attraverso, al punto che si può fare anche dalle inquinate città.

6.3 Difficoltà

Medio-alta:
- Tecnica molto particolare;
- Difficile centrare il pianeta;
- Disturbo causato dalla turbolenza atmosferica;
- Messa a fuoco critica.

6.4 Costo

Medio-alto. Strettamente correlato al tipo e al diametro del telescopio. Orientativamente a partire da 1500-2000 euro.

6.5 Dove e quando

Tutte le condizioni viste per fotografare gli oggetti deboli cadono come un castello di sabbia. Non serve un cielo scuro, non serve l'assenza della Luna. Basta che il soggetto da fotografare sia alto sull'orizzonte. Per la Luna, è necessario che questa non sia in fase totale, altrimenti i contrasti saranno troppo bassi per ottenere buone fotografie (abbiamo già sentito questa frase, vero?). Ottime sono le fasi attorno al primo e ultimo quarto.

Sembra tutto perfetto, ma sulla fotografia planetaria aleggia una tremenda spada di Damocle chiamata "turbolenza atmosferica". Gli strati d'aria della bassa atmosfera sono spesso in moto turbolento, causando un continuo ribollire alle immagini telescopiche in alta risoluzione. Se la fotografia planetaria si può in teoria fare sempre, nella pratica bisognerà aspettare pazientemente quelle rare giornate in cui l'aria è calma, come un pescatore attende l'attimo giusto in cui il pesce abbocca all'amo. La turbolenza non influenza solo il "quando", ma anche il dove. Tutte le vallate di montagna sono da escludere perché presentano sempre forti turbolenze locali. In generale, tutte le zone sottovento sono off limits per la fotografia planetaria, ma basterà aspettare che il vento cambi direzione per avere buone possibilità di bassa turbolenza. Le grandi pianure, come la Pianura Padana, sono di solito favorite, a meno che il vento non venga da nord e incontri l'ostacolo delle Alpi. Sono favoriti anche i litorali, quando il vento soffia dal mare e, naturalmente, la cima delle montagne più alte nel raggio di centinaia di chilometri.

Visto che siamo amanti dell'inglese, per identificare la turbolenza atmosferica si usa il termine seeing. Seeing buono vuol dire bassa turbolenza; seeing cattivo vuol dire alta turbolenza.

6.6 Strumentazione

Ci sono diverse novità, rispetto ai progetti visti, che riguardano sia lo strumento che la fotocamera:

- **Telescopio.** Di generoso diametro. I rifrattori acromatici o i piccoli rifrattori semi apocromatici che, come vedremo, vanno per la maggiore per la fotografia degli oggetti del profondo cielo, sono inadeguati. Questo significa che possono dare qualche bel risultato ma, se la nostra passione è quella di fotografare i pianeti, il telescopio adatto è un altro. Ogni appassionato ha le sue preferenze, ma in generale ci si inizia a divertire a partire dai 15 cm di diametro in su. Le configurazioni ottiche che vanno per la maggiore sono i Maksutov, soprattutto sotto i 20 centimetri, o gli Schmidt-Cassegrain, a partire dai 20 centimetri. Il telescopio ideale è uno Schmidt-Cassegrain, ad esempio il classico C8 della Celestron o il più performante C9¼. Evitare di cadere nella trappola del marketing e acquistare gli Schmidt-Cassegrain aplanatici, venduti con le sigle Edge HD, o ACF: sono strumenti ottimizzati per la fotografia del profondo cielo ma sui pianeti forniranno le stesse immagini dei cugini più economici. Naturalmente, maggiore è il diametro migliori saranno, in teoria, i risultati ottenibili;

- **Montatura.** La montatura minima consigliabile è una EQ5, naturalmente motorizzata in entrambi gli assi. Il puntamento automatico non è indispensabile. Con strumenti piccoli, ad esempio dei Maksutov da 13-15 centimetri, può andare bene anche una EQ3.2 o simili. Per strumenti oltre i 20-23 centimetri è meglio orientarsi su una EQ6 o simili. Questa può sorreggere con successo anche un pesante C14, uno Schmidt-Cassegrain della Celestron da 35 cm di diametro, dal peso di 20 kg, che fornisce risultati strabilianti. Le montature supercomputerizzate vendute dalla Celestron e dalla Meade, magari a forcella, sono degli accessori ingombranti e costosi, superflui in questo campo. Inoltre, non essendo montature equatoriali ma altazimutali, potrebbero iniziare a creare problemi di inseguimento sulla Luna e sul Sole. Approfondiremo meglio questo tema nel prossimo progetto;

- **Fotocamera.** Le reflex digitali possono essere utilizzate allo scopo e forniscono buoni risultati, soprattutto sulla Luna, ma non sono gli strumenti migliori, né i più economici. La fotocamera ideale è una videocamera planetaria, non raffreddata, con un sensore dai pixel piccoli (3-4 micron), in modo da raggiungere il campionamento ideale con rapporti focale dell'ordine di f15-f20, che non ne contenga troppi, perché tanto i pianeti sono piccoli e tutto il resto sarà inutile cielo nero. Queste videocamere sono disponibili sia a colori che in bianco e nero. Sebbene tutti gli astrofotografi planetari esperti utilizzino videocamere monocromatiche, per iniziare è meglio una camera a colori, poiché evita di complicare ulteriormente la vita. Ottime sono le ASI, ad esempio la ASI 120, dal costo inferiore a quello di una reflex entry level, che si potrà usare anche come camera di guida per la fotografia del profondo cielo. Altre alternative sono la ASI 224 e la ASI 178. Quest'ultima, nella versione con raffreddamento, può rappresentare lo strumento ideale sia per le riprese in alta risoluzione che per quelle deep-sky, grazie ai pixel da 5.86 micron adatti un po' a tutto. Per chi usa telescopi molto luminosi, pixel più piccoli, come quelli della ASI 178, da 2.4 micron, aiutano a raggiungere il campionamento ideale con una lente di Barlow 2X al posto di un oculare, visto che è sufficiente arrivare a f13-15. Se non è necessario, comunque, sensori con pixel inferiori a 3 micron andrebbero evitati. Curiosità: un tempo si usavano delle webcam private dell'obiettivo per questa attività!

- **Sistema per raggiungere il campionamento ideale.** Se il campionamento ideale si raggiunge con un rapporto focale maggiore di quello nativo del telescopio, è evidente che ci serve qualcosa per allungare la focale equivalente. Le soluzioni sono due: 1) Lente di Barlow di ottima qualità, oppure 2) un buon oculare da 10-15 mm di focale, più gli eventuali raccordi necessari per il collegamento alla camera di ripresa. Se non si deve aumentare la focale di troppe volte, il sistema più semplice ed economico è una lente di Barlow apocromatica da 1.5-2-3X, a seconda della necessità. Se si usano telescopi molto veloci, con rapporti focale f4-5 (ovvero riflettori Newton) e camere con pixel più grandi di 5 micron, occorrerà una Barlow 5X per raggiungere il campionamento ideale. A questo punto potrebbe essere più semplice ed economico comprare un buon oculare ortoscopico da 10-15 mm di focale per arrivare al rapporto focale richiesto di f30. Se non si hanno le idee chiare, farsi consigliare dai tecnici dei negozi di astronomia. Chiedere non è mai un problema;

- **Filtro taglia infrarosso.** Alcune camere planetarie a colori lo incorporano, ma non tutte. Un filtro taglia infrarosso costa poche decine di euro e si avvita al barilotto della camera. È fondamentale per ottenere immagini con un corretto bilanciamento del colore. Chi utilizza camere monocromatiche e ha i filtri LRGB (gli stessi delle riprese del profondo cielo) non deve acquistare il filtro taglia infrarossi perché questi sono già tagliati per queste lunghezze d'onda;

- **Computer portatile.** Al contrario delle reflex, le camere planetarie richiedono il collegamento a un computer per registrare le foto. È preferibile avere a disposizione un portatile con Windows. Questo renderà molto più facile la gestione delle fasi di acquisizione rispetto alle altre piattaforme. Il portatile dovrebbe essere mediamente potente, affinché riesca a gestire il notevole flusso di dati. Sono quindi da escludere i tablet economici.

Setup per riprese planetarie pronto all'azione. Telescopio Schmidt-Cassegrain da 235 mm su montatura equatoriale EQ5. Al fuoco c'è collegata una gloriosa webcam Philips Vesta Pro.

6.7 Tecnica di ripresa

La tecnica prevede di acquisire dei video non compressi, a decine di fotogrammi al secondo, per qualche minuto, in modo da avere migliaia di immagini tutte uguali a disposizione. Nella fase di stacking un programma analizzerà i fotogrammi, selezionerà solo i migliori, li allineerà e li sommerà per restituire l'immagine grezza da elaborare. Chi utilizza reflex e si dedica alla Luna, può trovare più vantaggioso scattare un centinaio di immagini, in formato RAW e a piena risoluzione, con il telecomando, la cui qualità è migliore di quella di un video compresso.

La camera planetaria va collegata, priva dell'obiettivo, al portaoculari del telescopio. Il portatile gestisce la ripresa attraverso un software fornito, di solito, con la camera. In alternativa il programma Firecapture, gratuito, può gestire quasi tutte le camere ed è progettato per le riprese in alta risoluzione.

I parametri di ripresa vanno regolati manualmente. I due fondamentali sono tempo di esposizione e guadagno. Il tempo di esposizione determina il numero massimo di frame al secondo che è possibile acquisire in linea teorica (senza considerare le prestazioni del computer e della porta USB) e, di fatto, di quanto si "congela" la turbolenza atmosferica. Tempi lunghi fanno scendere il numero di fotogrammi al secondo e aumentano la probabilità che le immagini siano distorte: meglio quindi non andare più lenti di 1/30 di secondo (33 ms, millesimi di secondo), tranne in rari casi di pianeta molto debole e/o turbolenza assente, dove si può arrivare anche a 1/15 di secondo. Il guadagno è l'analogo degli ISO della reflex, quindi aumenta la luminosità a fissato tempo di esposizione, al prezzo di un incremento del rumore. Una buona fotografia è data dal bilanciamento perfetto tra guadagno e tempo di esposizione e può variare da serata a serata e da soggetto a soggetto.

Il telescopio deve operare al campionamento ideale, se la serata è molto calma. Se c'è forte turbolenza si può ridurre la focale e aumentare quindi la luminosità, diminuendo ancora il tempo di esposizione per cercare di congelare meglio il seeing. Al contrario, ridurre la scala dell'immagine aumentando la focale, anche solo del 20% rispetto al valore ideale, porta risultati sempre peggiori. Se piacciono pianeti giganteschi, o si ingrandiscono in elaborazione o si compra un telescopio di maggior diametro.

Una sessione dedicata alla fotografia planetaria, quindi, dovrebbe prevedere le seguenti operazioni:

1) Portare fuori il telescopio almeno due ore prima. Lenti e specchi devono acclimatarsi, ovvero raggiungere la stessa temperatura esterna, altrimenti causeranno immagini sfocate;

2) Fare un buono stazionamento della montatura equatoriale. Non serve una precisione assoluta, tanto che si può fare anche solo con l'aiuto di una bussola da quei luoghi dove non si vede la Polare (ad esempio i balconi);

3) Controllare maniacalmente la collimazione degli specchi. Questo può fare la differenza tra un'immagine sempre sfocata e una molto contrastata. La collimazione andrebbe controllata con la stessa configurazione con cui si faranno le foto, ovvero attraverso lo schermo del computer che gestisce la camera planetaria, su una stella luminosa;

4) Allineare molto bene il cercatore: è la nostra unica arma per inquadrare un pianeta nell'oculare e nel campo di vista del sensore digitale;

5) Puntare il pianeta quando è in prossimità del punto più alto sull'orizzonte, ovvero verso sud (meridiano). Centrarlo con un oculare dal forte ingrandimento, almeno 200X. Osservare l'immagine: se ribolle ed è priva di dettagli, la sessione può interrompersi subito. L'ispezione visuale è molto importante per capire le condizioni del seeing e il colore del pianeta, che dovremmo cercare di riprodurre in elaborazione;

6) Togliere l'oculare e l'eventuale obiettivo dalla videocamera/fotocamera. Inserire la lente di Barlow o l'oculare nel naso della videocamera e poi, delicatamente, nel portaoculari;

7) Cercare di individuare l'oggetto. Se è la Luna sarà facile, ma per i pianeti, soprattutto le prime volte, potremmo impazzire. L'immagine sarà sicuramente sfocata e, se il tempo di esposizione sarà troppo breve, non vedremo nulla anche se il pianeta sarà al centro. Aumentare al massimo il guadagno e allungare il tempo di esposizione fino a 1/10 di secondo. Muovere

eventualmente la messa a fuoco avanti e indietro fino a quando, si spera, non vedremo un debole chiarore. Eseguiamo una messa a fuoco approssimata;

8) Regolare esposizione e guadagno. In linea di massima, il tempo di esposizione dovrebbe essere di almeno 1/30 di secondo (33 ms), ma su pianeti più brillanti, come Marte e Venere, o sulla Luna e il Sole, potremmo portarlo agilmente a 1/100 di secondo o meno (10 ms). Il guadagno non dovrebbe essere né troppo basso né troppo alto, generalmente attorno alla metà o poco più della scala. In caso di necessità è meglio lavorare con guadagni alti piuttosto che molto bassi. In quest'ultimo caso, infatti, potrebbero comparire spiacevoli artefatti attorno al pianeta. Altri parametri, come luminosità e gamma, si possono trascurare perché creano più problemi che soluzioni. Per determinare la luminosità ideale non ci si affida all'occhio ma al nostro amico istogramma, che tutti i programmi propongono in tempo reale. Questa volta dobbiamo concentrarci sui valori più luminosi, perché l'obiettivo è avere il pianeta con un'intensità massima poco sotto al punto di saturazione. Per istogrammi visualizzati a 8 bit, questo significa che i pixel più luminosi dovrebbero avere una luminosità tra i 200 e i 230 ADU, sui 255 massimi consentiti. Non importa, invece, cosa accade al fondo cielo;

9) Effettuare una precisa messa a fuoco. È la parte più delicata di tutto il processo, che può richiedere anche diversi minuti. Una volta terminato, controllare di nuovo l'istogramma e assicurarsi che nessun pixel raggiunga la saturazione (l'estremo destro del grafico);

10) Riprendere un filmato della durata di almeno 2 minuti. Il video, se possibile, andrebbe salvato in formato .ser e non in .avi, per evitare alcune spiacevoli limitazioni che potrebbero causare problemi. Naturalmente il filmato va registrato senza compressione. La dinamica, 8 bit o 16 bit, non fa molta differenza, anzi, per le camere a colori è molto meglio riprendere a 8 bit per evitare brutte sorprese in fase di stacking. Per aumentare la velocità e diminuire la pesantezza del file, si può riprendere a 8 bit. La durata del filmato dipende da quanto velocemente ruota il pianeta. Per Giove non possiamo eccedere due minuti, per Saturno circa 4, per Marte al massimo 5, per il Sole (CON FILTRO SOLARE!) 2. Per gli altri pianeti non ci sono grossi problemi. Più frame si catturano e meglio è. Generalmente un buon video da elaborare contiene tra i 3000 e i 10 mila fotogrammi.

6.8 Tecnica di stacking

Per effettuare l'analisi, l'allineamento e la media dei migliori frame catturati dal filmato ci sono essenzialmente tre software, tutti gratuiti: Avistack per la Luna e il Sole, Registax e Autostakkert per i pianeti. Il loro funzionamento non è difficile, soprattutto per quanto riguarda Autostakkert. Una volta aperto il video, si scorrono i vari fotogrammi e si seleziona quello che reputiamo il migliore (o tra i migliori). Si scelgono i punti di allineamento e poi si lascia fare al software, che analizzerà la qualità dei fotogrammi. Dopo l'analisi, i fotogrammi saranno ordinati in base alla loro qualità, dal migliore al peggiore. L'intervento dell'utente si limita a esaminare la qualità e a dire al software quanti frame deve sommare, facendo ben attenzione a non includere quelli distorti dalla turbolenza atmosferica. È qui che si estrapola il meglio messo a disposizione dalla sessione fotografica.

Come indicazione, in una serata media si possono utilizzare anche meno della metà dei fotogrammi catturati. In un'ottima serata, con turbolenza minima, si può arrivare al 70-80%, ma questa eventualità capita solo una manciata di sere in un anno. Affinché l'immagine da elaborare abbia un buon segnale, deve essere formata da almeno 500, meglio se 1500, frame. Si capisce, quindi, perché in fase di ripresa se ne debbano acquisire almeno 3000.

Vediamo ora come utilizzare Autostakkert per elaborare un filmato. Per una volta è tutto piuttosto semplice, se si sta attenti a qualche piccolo dettaglio. Il video scelto è una ripresa di Giove effettuata il 14 giugno 2017 con uno Schmidt-Cassegrain da 235 mm (C9¼) e una economica camera planetaria a colori con pixel da 3.75 micron. Il filmato è stato acquisito al campionamento ideale in formato .ser e con una frequenza di 30 immagini per secondo, per un totale di due minuti.

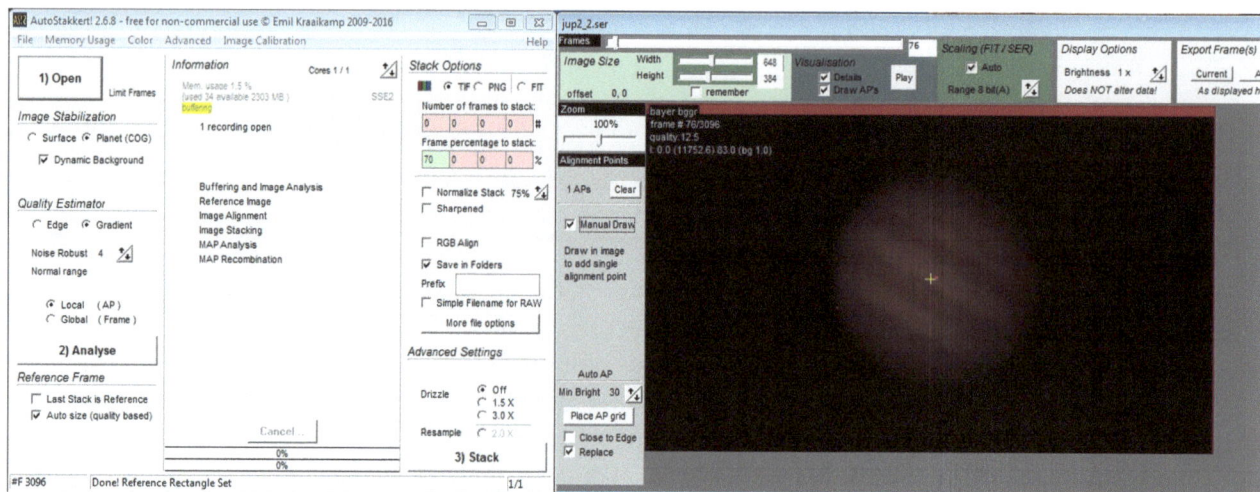

Apriamo il filmato da elaborare ("1) Open"). Sulla destra comparirà la sequenza di tutti i fotogrammi, che si possono scorrere muovendo il cursore nella barra "frames" in alto.

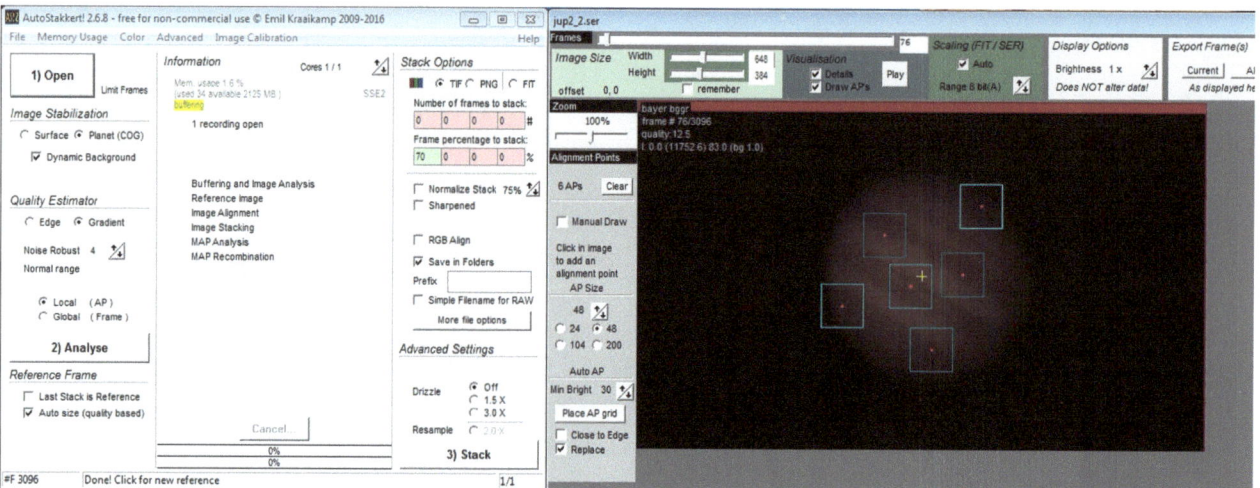

Scegliamo uno dei migliori frame e posizioniamo sui dettagli più evidenti i punti di allineamento. Ne bastano 4-5 se la serata era calma. Possiamo aumentarli se il pianeta presenta evidenti distorsioni durante il filmato. Clicchiamo su "2) Analyse" nel pannello di sinistra e il programma inizierà ad analizzare la qualità dei fotogrammi.

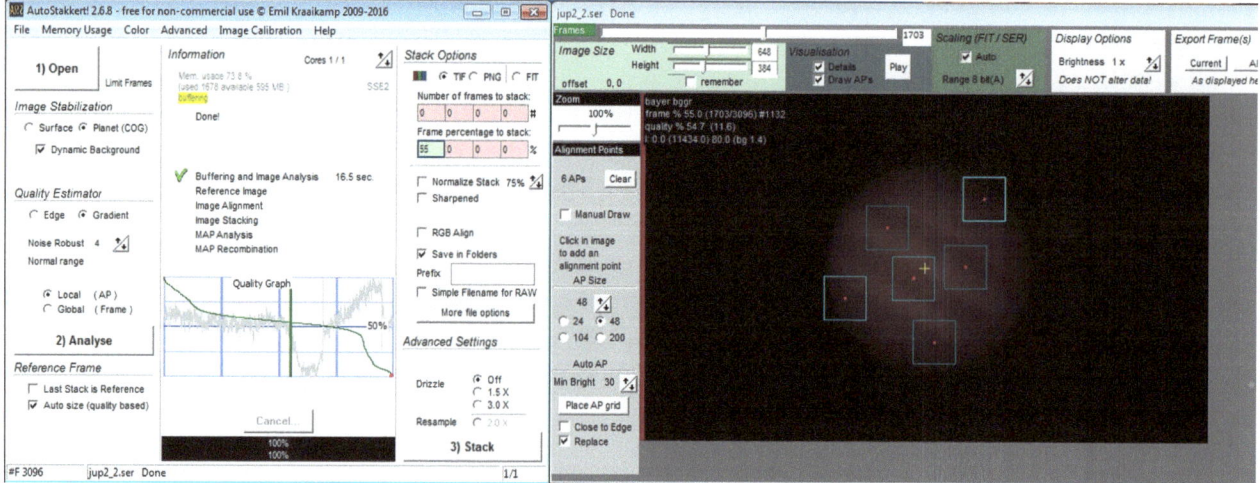

I fotogrammi ora sono ordinati secondo la loro qualità. Muoviamo il cursore della barra "frames" fino a individuare la qualità minima che siamo disposti ad accettare. In questo caso ci si è fermati al 55% dei frame. Nel pannello delle impostazioni, quindi, alla voce "Frame percentage to stack" si inserisce 55. Selezioniamo il formato tif, clicchiamo su "3) Stack" e in pochi secondi avremo l'immagine grezza salvata in una cartella dove si trova il filmato.

6.9 Elaborazione

L'immagine grezza che compare dopo il processo di stacking sicuramente non ci piacerà perché sembrerà sfocata. Non lo è (almeno si spera): l'effetto è dovuto al fatto che la granulosità contenuta nei singoli fotogrammi è sparita, lasciando il posto a una marea di segnale. Questo è il miracolo della somma di tante immagini; impressionante, vero?

La notizia buona è che l'elaborazione è veloce, tanto più quanto più stabile era l'atmosfera, ottimizzato lo strumento e corretta la fase di acquisizione. Non ci sono infatti gradienti da sistemare, rumore a pioggia da eliminare, stretch dalle forme strane da costruire. Per evidenziare i dettagli si applicano dei filtri di contrasto. Questi possono essere maschere sfocate o wavelet. Senza addentrarci nei dettagli tecnici, entrambi producono un aumento del contrasto dei dettagli con una certa scala spaziale, che decide l'utente. Un'altra buona notizia è che gli stessi software di stacking provvedono a fornire supporto per l'elaborazione, come Registax. Non si possono dare indicazioni su quali filtri applicare e con quale intensità perché dipende dal soggetto, dal campionamento, dalla turbolenza atmosferica e dal numero di frame. L'unico modo è provare e trovare, ogni volta, la ricetta migliore che porti a un risultato contrastato ma equilibrato, in cui tutti i dettagli siano visibili, senza snaturare l'immagine.

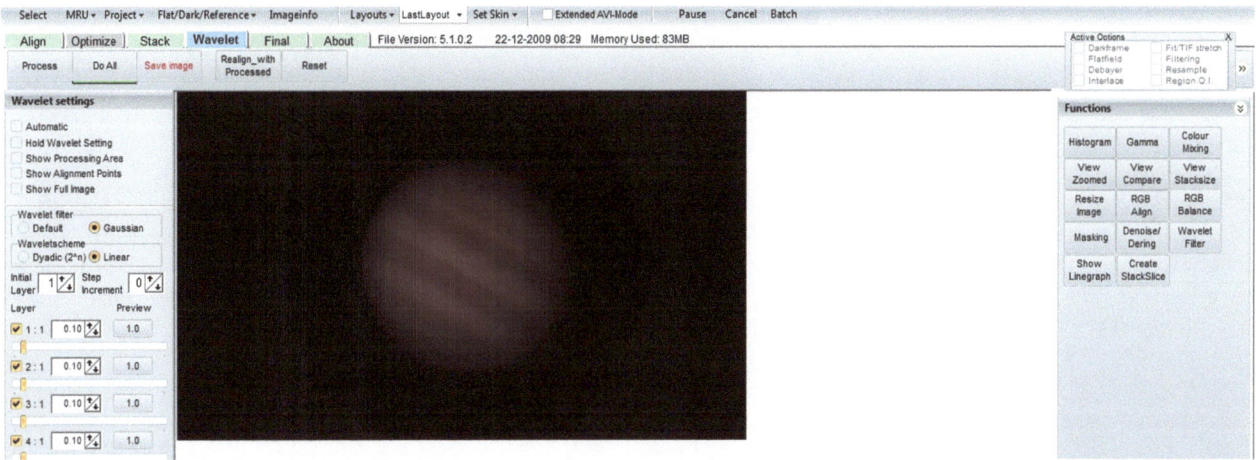

Aspetto dell'immagine grezza di Giove ottenuta con Autostakkert nell'esempio precedente.

Spunti di elaborazione: regolazione del contrasto (barra all'estrema destra), applicazione dei filtri "wavelet" (a sinistra), rimozione del rumore e bilanciamento del colore. Il 95% dell'elaborazione è fatta perché ci sono tutti i dettagli, senza rumore e senza eccessi. Si può passare a una fase più estetica con altri programmi, cercando di definire meglio i dettagli, magari con un processo di deconvoluzione, o bilanciare meglio i colori, ma l'aspetto non cambierà molto.

6.10 Errori più comuni

Messa a fuoco imprecisa, cattivo seeing, collimazione non perfetta, rappresentano la quasi totalità dei problemi per chi inizia e identificare la causa sull'immagine finale non è facile perché i tre effetti producono lo stesso risultato: una foto priva di dettagli.

Altri errori comuni sono avere fotogrammi troppo scuri e catturare pochi frame. Utilizziamo sempre l'istogramma per decidere la luminosità dell'immagine e acquisiamo sempre diverse migliaia di frame: i computer sono fatti per essere usati, non dobbiamo provare pietà quando lavorano.

Durante l'elaborazione, l'errore più frequente è la sovraelaborazione. È una fase inevitabile nella carriera di un astroimager planetario: si tende ad applicare filtri dal contrasto elevatissimo e a credere che in questo modo l'immagine acquisisca nuovi dettagli. Uscirne richiede pazienza e autocritica, perché bisogna convincersi che i dettagli non si inventano in elaborazione.

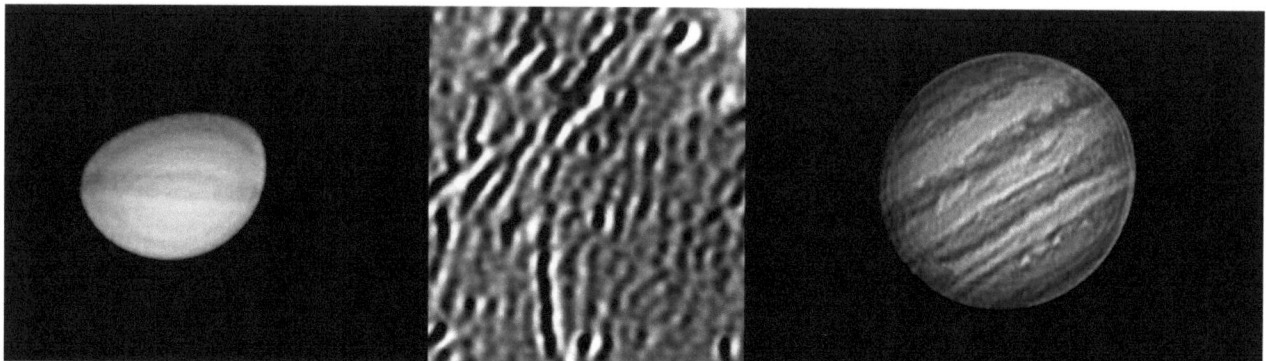

A sinistra: Venere sta per essere diviso in due da un'oscura nube. Al centro: i vermoni infestano la Luna. A destra: onde gigantesche sul bordo di Giove. Niente di tutto questo: si tratta di artefatti. Condizioni atmosferiche non perfette, limiti intrinseci dei sensori digitali, un'elaborazione sballata... prima o poi faranno emergere dettagli che non esistono. Non pretendiamo l'impossibile dalle nostre foto perché, con la giusta dose di filtri di contrasto e di riduzione del rumore, potremo trasformare in un intrigante mistero persino la foto di un segnale stradale. Conosciamo la strumentazione, i suoi limiti e soprattutto i corpi celesti che andremo a fotografare e chiediamoci, ancora una volta, se siamo noi a essere dei geni che hanno scoperto la congiura segreta dei vermoni sulla Luna, o se qualcosa nel nostro processo di elaborazione e interpretazione dei dati è andato storto. Umiltà e ironia. Son questi i segreti per il successo, non solo in ambito astrofotografico.

6.11 Suggerimenti per migliorare

La turbolenza atmosferica è imprevedibile: un minuto può modificare persino la forma del pianeta e il successivo quasi azzerarsi, facendo comparire straordinari dettagli sul monitor. La messa a fuoco è molto critica e non si ha mai la certezza che sia perfetta. L'unico rimedio per avere possibilità di miglioramento immediate è quello di riprendere diversi filmati durante la sessione fotografica, per almeno mezz'ora, se non più, aspettando il momento di bassa turbolenza e rifacendo la messa a fuoco dopo ogni registrazione.

Non sottovalutare nemmeno l'allineamento degli specchi, fondamentale e più critico di quanto si possa pensare, né l'acclimatamento. Se gli specchi non sono in temperatura, si farà fatica persino a vedere i dettagli più grossi. La fotografia planetaria non si improvvisa; richiede molta pazienza e un pizzico di fortuna, aspettando con costanza la serata perfetta. Il nostro compito è non farci scappare quei pochi minuti di calma piatta che, prima o poi, l'Universo ci concederà come ricompensa.

Non dobbiamo credere che l'elaborazione produca miracoli. Per avere una buona idea della fotografia che verrà fuori, quindi se vale la pena elaborare i filmati, basta osservare il pianeta a monitor durante l'acquisizione: i dettagli che possiamo estrapolare in elaborazione saranno quelli che vediamo, magari con meno rumore e un pizzico di contrasto in più. Ma quello che non vediamo mentre registriamo il filmato quasi certamente non comparirà dopo l'elaborazione.

6.12 Risultati

Le immagini planetarie amatoriali hanno raggiunto livelli di assoluta eccellenza, tanto che a volte sembra siano state ottenute da sonde in orbita attorno al pianeta. Purtroppo il territorio italiano è influenzato molto dalla presenza delle montagne, che causano seeing instabile per gran parte dell'anno, per molte regioni. Ma quando la turbolenza si calma, ecco che un meraviglioso panorama si schiude di fronte ai nostri telescopi, che devono essere pronti per approfittare di quei pochi minuti di quiete.

L'imaging planetario è una grande opportunità anche per fare nuove scoperte che riguardano i pianeti. Nuove tempeste su Marte, Giove e Saturno, o l'impatto di piccoli asteroidi con i pianeti giganti, sono tutti eventi che negli ultimi anni sono stati scoperti da astronomi dilettanti, nonostante attorno a molti pianeti ci fossero persino delle sonde automatiche. Il nostro contributo, quindi, può essere di assoluto rilievo e valere riconoscimenti anche da parte dei professionisti. Tutto quello che serve è costanza: se vogliamo produrre risultati scientifici dovremo riprendere i pianeti ogni sera serena, anche quando la turbolenza è severa. Per la legge di Murphy, infatti, proprio quando le condizioni saranno proibitive aumenterà la probabilità di fare una scoperta.

Tipica progressione nella fotografia in alta risoluzione. Queste immagini di Giove sono state ottenute con lo stesso strumento, uno Schmidt-Cassegrain da 235 mm di diametro. A sinistra: classica foto di chi inizia, ricca di errori tecnici: sottocampionamento, pochi frame sommati, scarsa selezione, telescopio non collimato e messa a fuoco non precisa, più un'elaborazione non adeguata, soprattutto per il bilanciamento dei colori. Al centro: la tecnica è corretta ma il seeing non ha collaborato e l'elaborazione è stata un po' aggressiva, cercando dettagli fini che non sono stati ripresi. A destra: un ottimo risultato in relazione allo strumento utilizzato.

Risultati ottenibili in funzione del diametro del telescopio. All'aumentare del diametro si incrementano i dettagli e non è una questione di ingrandimento ma di potere risolutivo. Tutte e tre le immagini sono state ottenute al campionamento ideale: un ingrandimento maggiore non avrebbe portato a una migliore risoluzione, anzi, a un risultato di certo peggiore. Da grandi diametri derivano grandi responsabilità, quindi non facciamoci illusioni di poter fare subito bellissime fotografie riportando a terra il telescopio spaziale Hubble e usandolo dal giardino di casa.

Differenza di resa su Saturno utilizzando un rifrattore acromatico da 15 cm f8, a sinistra, e uno Schmidt-Cassegrain da 235 mm, a destra. Oltre alla risoluzione dovuta al diametro, il rifrattore soffre di aberrazione cromatica residua, che riduce la risoluzione rispetto al valore teorico. È per questo motivo che i rifrattori acromatici sono sconsigliabili. Quelli apocromatici sarebbero ottimi, peccato che non sono disponibili a prezzi accessibili a noi umani per diametri sopra i 10 cm. Ricordiamo sempre che, per quanto buone possano essere lavorate le lenti, a fare la differenza è il diametro. Un rifrattore apocromatico supercorretto da 10 cm non mostrerà mai la risoluzione di qualsiasi telescopio di diametro superiore lavorato a sufficienza per arrivare al limite teorico.

Ecco i migliori risultati che ci si possono aspettare utilizzando una camera planetaria e un telescopio di buona qualità ottica da 20-25 centimetri di diametro. In alto, da sinistra a destra: le nubi di Venere con un filtro ultravioletto, Marte e Saturno. In basso: la Luna e il Sole, con un opportuno filtro a tutta apertura posto di fronte all'obiettivo del telescopio (Baader Astrosolar).

7. Concetti fondamentali della fotografia deep-sky

La fotografia a lunga posa attraverso il telescopio è il punto d'arrivo di un lungo processo di crescita e apprendimento che ci ha visto nascere avvicinando timidamente la fotocamera dello smartphone a un telescopio e proiettarci, ora, verso i meandri più nascosti e spettacolari dell'Universo. Probabilmente siamo giunti fino a questo punto dopo un paio di giornate di lettura, ma servirà molto più tempo per arrivare a questo punto a livello pratico, soprattutto dopo che avremo letto i capitoli conclusivi e compreso quali sono le difficoltà e i costi della fotografia attraverso il telescopio. Cominciamo allora con il vedere due concetti fondamentali che sono necessari per ottenere qualsiasi tipo di risultato, a iniziare dal più ostico di tutti.

7.1 L'autoguida

Poiché abbiamo già affrontato la fotografia a lunga posa con obiettivi dalla corta focale, si potrebbe pensare che la tecnica sia la stessa e che quindi non ci dovrebbero essere grandi sorprese ad aspettarci. La realtà è, purtroppo, molto diversa. La brutta, terribile, notizia è che non esiste una montatura equatoriale che consenta di inseguire in modo perfetto le stelle a focali superiori ai 200-300 mm, nemmeno di tipo professionale. Se facessimo quindi fotografie a lunga posa al telescopio, dopo aver stazionato in modo maniacale verso il polo nord celeste, otterremmo comunque fotografie sempre con le stelle mosse, a partire da un minuto di esposizione. La scappatoia più semplice è fare tantissime pose brevi, limitate a un minuto al massimo. In effetti con questa tecnica si possono ottenere risultati comunque interessanti su soggetti relativamente brillanti. La soluzione definitiva, però, prende il nome di **autoguida**, una parola che presto odieremo, ma tanto importante da meritare una sezione tutta sua.

Un sistema di autoguida è costituito da una seconda camera di ripresa, economica ma sensibile, che osserva una stella nelle vicinanze del campo fotografato dal sensore principale. Le immagini, scattate ogni 1-2 secondi, sono analizzate da un programma per computer che calcola il centro (centroide) della stella a ogni esposizione e determina lo spostamento dalla posizione iniziale. Attraverso il collegamento con la montatura, o con la camera stessa, il software invia gli impulsi ai motori di inseguimento per correggere l'errore, prima che si renda visibile nella fotografia eseguita con il sensore principale.

Il sistema di autoguida più utilizzato con strumenti di piccolo diametro, in particolare i rifrattori, è rappresentato da un secondo telescopio montato in parallelo al principale tramite appositi e robusti anelli. Questo può essere molto economico o addirittura un cercatore modificato, se la scala dell'immagine con cui si eseguono le foto è superiore a 1.5-2 secondi d'arco per pixel.

Il telescopio guida deve essere un rifrattore. L'uso di riflettori o catadiottrici potrebbe portare a risultati disastrosi, poiché gli specchi possono avere piccoli movimenti nel corso della sessione. Questo porta a una guida in apparenza perfetta, perché riesce a bilanciare gli spostamenti degli specchi, ma a stelle mosse nelle fotografie scattate con il telescopio principale. Per lo stesso motivo, si dovrebbero evitare telescopi di guida quando si utilizzano riflettori o catadiottrici come strumenti principali.

L'unica richiesta di un buon telescopio guida è che debba avere una focale necessaria affinché gli spostamenti della stella vengano corretti prima che si rendano visibili nelle fotografie attraverso il principale. Più che focale dobbiamo parlare di campionamento e considerare anche il fatto che i software di guida riescono a correggere spostamenti circa 10 volte inferiori a un pixel. La cosa si complica, quindi una regola empirica abbastanza attinente alla realtà afferma che la scala dell'immagine del telescopio di guida non dovrebbe essere due, tre volte più grande di quella dell'apparato fotografico. Se il setup di ripresa ha un campionamento di 1 secondo d'arco su pixel, un buon sistema di guida dovrebbe avere almeno un campionamento di 2-2.5 secondi d'arco su pixel. Se vogliamo essere un po' più conservativi e lasciare del margine, è bene che le due scale dell'immagine siano simili. Non ci sono problemi se la scala del telescopio guida è addirittura più piccola di quella del principale, se non quella di un minor campo a disposizione e la maggiore difficoltà di trovare stelle di guida.

Un metodo di autoguida alternativo, vantaggioso con strumenti a specchi (o misti), è chiamato guida fuoriasse. Si tratta di un accessorio che sottrae una piccola parte del fascio ottico dal telescopio di ripresa, lo devia di 90° e lo convoglia alla camera di guida. Questo sistema evita quindi di dover predisporre un secondo telescopio da montare sopra il principale ed elimina molti problemi tipici del telescopio guida, tra cui la subdola presenza di flessioni che produce una guida perfetta ma esposizioni mosse. Il dazio da pagare per la guida fuoriasse è la necessità di avere a disposizione una camera di guida molto sensibile e un telescopio dal diametro generoso, che consenta di trovare stelle di guida nel campo inquadrato.

Alcune camere, prodotte dall'azienda SBIG, hanno una guida fuoriasse incorporata e un doppio sensore che evita quindi l'uso di un sistema di guida. Le camere a doppio sensore sono molto comode ma costano di più e potrebbero non trovare stelle di guida nel caso di fotografia in banda stretta.

Sistemi di autoguida più utilizzati. A sinistra: rifrattore in parallelo, vantaggioso per tutti i setup compatti che utilizzano strumenti a lenti per la ripresa. A destra: guida fuoriasse, indicata per tutti gli strumenti che usano specchi.

Qualsiasi sia il metodo di autoguida scelto, e per gli inizi è meglio un telescopio in parallelo, questo richiede una camera di guida monocromatica, generalmente una videocamera planetaria, possibilmente dotata di porta ST-4, una montatura equatoriale motorizzata predisposta all'autoguida e un computer sul quale è installato il programma che gestirà questa delicata fase.

Il programma di guida per eccellenza è PHD2 Guiding, gratuito e semplice da gestire, disponibile per Windows e Mac, anche se è stabile solo per Windows. Ci sono comunque valide alternative, come MaxIm DL, uno dei più affidabili, o KStars per gli utenti Mac e Windows. A costo di tirarmi dietro le antipatie di molti, in fotografia astronomica l'ambiente Windows è quasi irrinunciabile, se si vogliono usare software affidabili (ma PixInsight gira anche su Mac e Linux!). Il consiglio è di avere a disposizione un computer con una partizione Windows o, in alternativa, una macchina virtuale sul quale installarlo, almeno per la gestione delle fasi di acquisizione.

Per iniziare a fare autoguida bastano poche fasi (in teoria): connettere la camera al computer, quindi al programma, connettere la montatura, impostare i parametri del telescopio e della camera di guida, fare un'esposizione del cielo, mettere eventualmente a fuoco, selezionare una stella e far partire la calibrazione. Il programma farà muovere gli assi della montatura per calcolare direzione e intensità degli spostamenti. Questa è la fase critica: se la calibrazione va a buon fine, la guida potrebbe funzionare senza troppi patemi, ma quasi mai è così, perché impostare bene i collegamenti non è immediato.

Ci sono due modi con cui il programma può inviare gli impulsi alla montatura. Il più rapido e indolore è attraverso la porta ST-4, di serie ormai in tutte le montature equatoriali dedicate alla fotografia astronomica (non necessariamente con GOTO) e nelle camere di guida. Si collega il cavo ST-4, simile a quello telefonico, alla camera e alla montatura. La camera di guida ha anche un ingresso USB per il collegamento al computer. Sarà la camera, quindi, a inviare ai motori gli impulsi di correzione ricevuti dal programma. Quando non si ha a disposizione la porta ST-4 sia sulla camera che sulla montatura, è necessario connettere la montatura direttamente al computer con degli appositi cavi, installare i driver sul computer, di solito disponibili nella raccolta open source Ascom (www.ascom-standards.org) e lasciare che sia il software di autoguida a inviare direttamente gli impulsi di correzione, senza passare per la camera di guida, che a questo punto potrebbe essere qualsiasi, anche una comune webcam da computer adattata al telescopio. Questo secondo metodo è quindi più versatile ma meno immediato e prevede un cavo aggiuntivo da collegare al portatile. Poiché ormai molte videocamere planetarie hanno anche la porta ST-4, se non è necessario non vale la pena complicarsi la vita con quest'ultimo metodo.

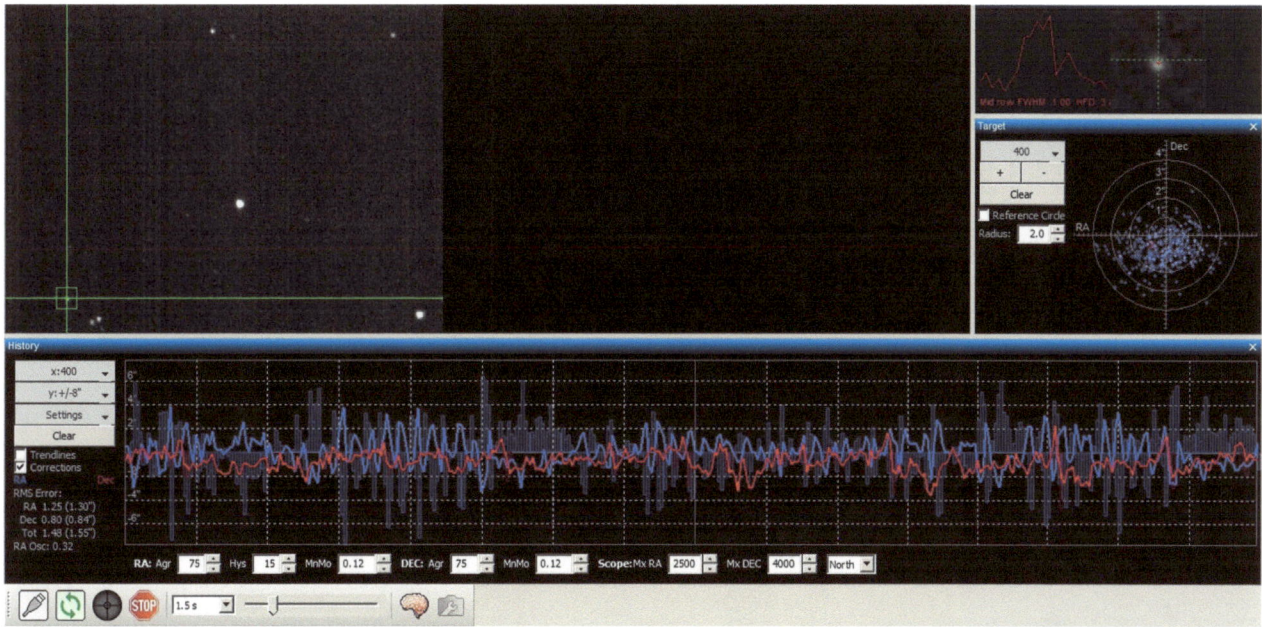

Schermata di PHD2 Guiding durante una sessione di autoguida. Osserviamo bene questo screenshot perché contiene molte informazioni utili sulla stella di guida (perché non è stata scelta quella più luminosa, ad esempio?) e sui parametri di guida (tempo di esposizione, aggressività, isteresi).

La precisione dell'autoguida dipende da molti fattori, sia atmosferici, come il seeing o eventuali raffiche di vento, e su questi poco possiamo fare, sia locali. Tra questi c'è lo stato della meccanica della montatura, che andrebbe controllata e revisionata, ma solo in caso di evidenti problemi. Siamo abituati, ormai, ad avere a disposizione oggetti pronti all'uso, che non richiedono manutenzione e che, anzi, quando la richiedono è più facile ed economico sostituirli. La fotografia astronomica attraverso il telescopio è invece ancora legata a un passato in cui, se le cose non funzionavano a dovere, spettava all'utente capire il problema e sistemarlo, sporcandosi letteralmente le mani. Quasi tutte le montature equatoriali ormai escono dalla fabbrica pronte all'uso, ma se vogliamo farle lavorare al limite, o comunque dopo qualche anno d'utilizzo, prima o poi dovremo sporcarci le mani e provvedere a regolare gli accoppiamenti meccanici. Fare autoguida, soprattutto con campionamenti spinti, richiede precisioni meccaniche piccolissime. Il grasso indurito, la vite senza fine di un asse che spinge troppo sulla corona, o troppo poco, possono fare la differenza tra un'autoguida precisa e una che sembra salire sulle montagne russe, quindi tra foto ben esposte e altre con le stelle sempre allungate.

Prima di mettere le mani sugli ingranaggi, assicuriamoci di aver impostato bene i parametri di guida, come l'aggressività, regolabile attraverso il software di autoguida e la velocità di guida, che si imposta sul programma di gestione della montatura (EQMOD per le montature EQ) se si utilizzano i driver Ascom, o sulla pulsantiera, se si guida via porta ST-4. Uno degli errori più frequenti è causato da una velocità di guida troppo alta. Se vogliamo una precisione inferiore al secondo d'arco, sarà impossibile raggiungerla con una velocità di 1X, perché anche il più piccolo impulso inviato alla montatura la farà muovere troppo. Una velocità di guida adeguata a quasi tutte le focali è dell'ordine di 0.5X.

L'aggressività è un parametro regolabile durante la guida e stabilisce quale percentuale della correzione calcolata inviare alla montatura. In un mondo ideale sarebbe 100% ma, considerando la turbolenza e gli inevitabili giochi meccanici, troveremo più adatto un valore pari all'80%. Sarà la nostra abilità nella lettura del grafico di guida a farci capire quando sarà il caso di aumentare l'aggressività, ad esempio se gli errori vengono corretti dopo qualche ciclo, o se sarà necessario diminuirla, se si assiste a un fenomeno pendolo che porta l'errore da positivo a negativo tra un impulso e il successivo.

L'osservazione del grafico, impostato con la scala in secondi d'arco e non in pixel, ci darà un'idea di come potranno venire le fotografie che stiamo cercando di guidare. Attenzione però a non farci prendere dalla sindrome del grafico perfetto. Se le immagini sono puntiformi, vuol dire che la guida sta facendo il suo dovere, anche se la nostra mania di precisione vorrebbe vedere errori di guida nulli.

Le precisioni migliori raggiungibili dalle montature economiche sella serie EQ o similari (ad esempio iOptron e Celestron), in termini di errore quadratico medio, dipendono da esemplare a esemplare, ma sono generalmente inferiori a ±1 secondo d'arco. Curando la meccanica e il bilanciamento si può arrivare anche a ±0.5-0.6 secondi d'arco. Questi valori sono stati raggiunti personalmente per montature di tipo EQ5, HEQ5 ed EQ6. Le montature EQ3.2 presentano invece problemi progettuali che non le rendono adatte a fare autoguida, mentre le iOptron hanno mediamente errori leggermente più alti, soprattutto sull'asse di ascensione retta, il più delicato, mediamente appena sotto a un secondo d'arco. Questo è un limite meccanico invalicabile, che molte volte viene superato dal limite imposto dall'atmosfera terrestre. Di conseguenza, ha ancora meno senso utilizzare per la ripresa un'accoppiata sensore-telescopio che fornisca scale dell'immagine molto piccole.

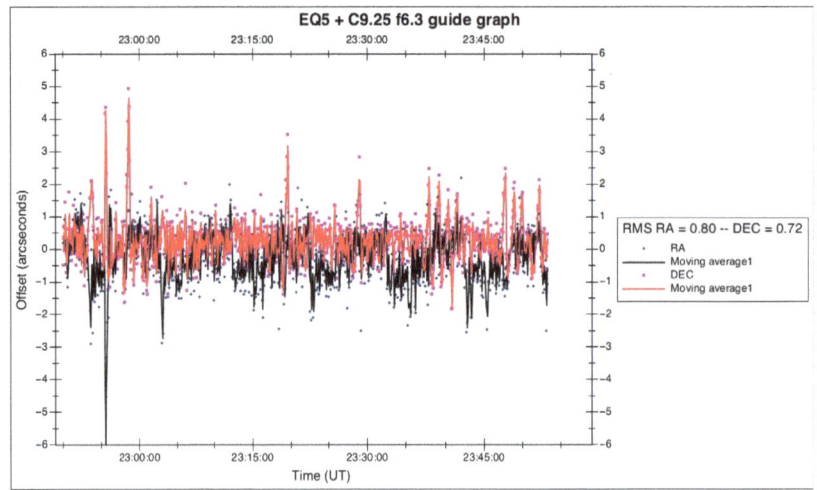

Il sorprendente comportamento di una vecchia montatura EQ5 dei primi anni 2000 dotata di una semplice motorizzazione con porta ST-4, senza GOTO, portata oltre il limite delle sue capacità. Telescopio Schmidt-Cassegrain da 235 mm ridotto a f6.3, autoguida attraverso il doppio sensore di una camera CCD SBIG ST-2000XCM nei pressi dell'equatore celeste, dove gli errori sull'asse di ascensione retta raggiungono il massimo. Si noti come la linea nera, raffigurante l'asse di AR, sia contenuta in un errore medio di ±0.80 secondi d'arco e mostri ridotti andamenti periodici dovuti alle imprecisioni meccaniche. Gli errori in declinazione sono casuali e confrontabili: questo indica che durante il test il limite era determinato dalle fluttuazioni della stella di guida a causa della turbolenza atmosferica. Con questo esemplare, quindi, è possibile ottenere immagini ben guidate fino al limite del seeing medio italiano. In generale, occorre sempre considerare che la precisione di guida è influenzata anche dalla luminosità della stella. Stelle poco luminose e piccole producono errori maggiori, perché minore è la precisione con cui l'algoritmo di guida determina il centro. Paradossalmente, la guida migliora se la stella di guida è leggermente sfocata e/o di buona luminosità, ma senza essere saturata. In entrambe queste situazioni la superficie luminosa è di maggiori dimensioni e l'algoritmo di determinazione del centroide stellare funziona con migliore precisione.

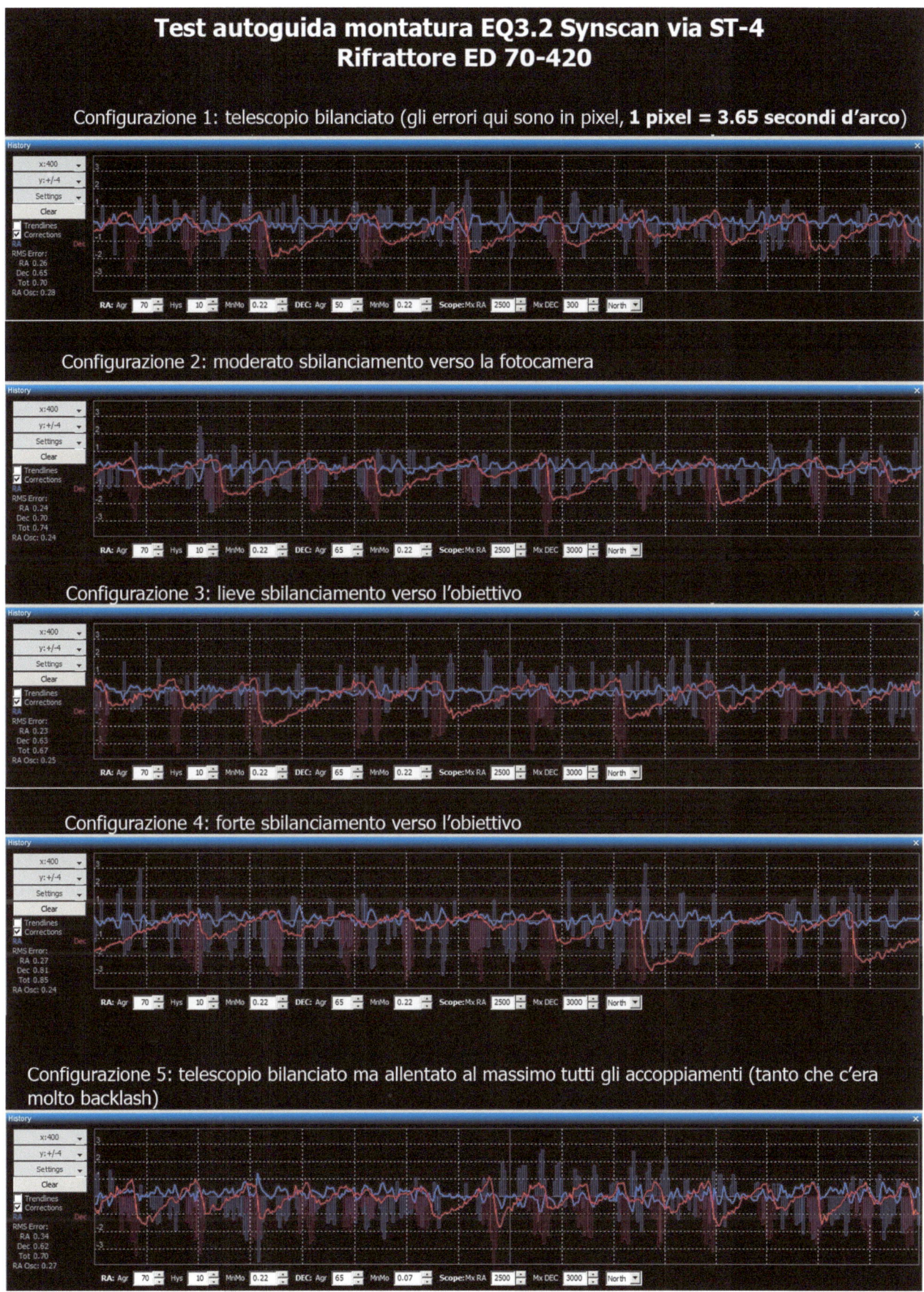

Il disastroso comportamento di quasi tutte le montature EQ3.2 in autoguida, sull'asse di Dec, è dovuto a difetti progettuali. Non c'è niente da fare per eliminare i salti di diversi secondi d'arco dell'asse di declinazione, se non cambiare montatura.

7.2 Le Immagini di calibrazione

Stiamo capendo, prima ancora di affrontare i relativi progetti, quanta attenzione ci deve essere nella fotografia deep-sky. La cura dei dettagli di ogni fase e le precisioni richieste ci fanno sudare molto quelle agognate immagini che tanto ci fanno sognare quando le guardiamo sui libri o su internet.

Dopo tutta la fatica che si deve fare per far funzionare a dovere il proprio setup, quindi, dobbiamo fare in modo che quei sudatissimi fotoni cosmici vengano mostrati nel miglior modo possibile nelle nostre fotografie. Questo non si fa in fase di elaborazione, contrariamente a quanto si possa pensare. Le condizioni per ottime immagini si costruiscono tutte nella fase di acquisizione. Parte fondamentale è rappresentata da quelle che vengono chiamate immagini di calibrazione, di cui abbiamo avuto un parziale assaggio nel progetto dedicato alla fotografia a grande campo.

I sensori digitali presentano dei difetti intrinseci che si mostrano come pixel accesi e colorati (se la camera è a colori), la cui intensità dipende in modo critico dalla temperatura. Abbiamo già visto che se si effettuano una serie di esposizioni al buio, con la stessa temperatura, durata e sensibilità delle foto fatte al cielo, dette **dark frame**, queste possono correggere gran parte del rumore. La media di almeno cinque, meglio dieci, dark frame costituisce il master dark frame. Questo deve essere sottratto da ogni immagine del cielo. Per le reflex digitali l'operazione non è perfetta a causa della mancanza del controllo di temperatura, ma per le camere astronomiche raffreddate l'efficacia nella rimozione dei cosiddetti pixel caldi sfiora il 100%. Inoltre è possibile creare una libreria di dark frame da utilizzare anche per le future immagini, purché ottenute alla stessa temperatura e medesima esposizione.

Un'altra immagine di calibrazione importante, anzi, fondamentale, è denominata **flat field**. L'accoppiata sensore-telescopio produce un campo non perfetto: macchie scure dovute alla polvere e un effetto, detto vignettatura, che si manifesta con una caduta di luce ai bordi, sono difetti che impediscono, spesso, di ottenere belle immagini, nonostante il segnale raccolto sia ottimo. Il flat field è la nostra arma segreta per ottimizzare il duro lavoro di una notte. Si tratta di una serie di fotografie, fatte con la giusta esposizione, di una sorgente luminosa uniforme ed eseguite con la stessa configurazione con cui si sono ottenute le fotografie al cielo. I flat field, al contrario dei dark frame, non sono riutilizzabili per più serate perché sono legati alla configurazione usata per la sessione fotografica.

I flat field sono più facili da eseguire di quanto si creda. Basta procurarsi un foglio da disegno spesso, porlo di fronte all'obiettivo del telescopio, illuminarlo con una lampada a led, anche quella di un telefono, da almeno un paio di metri di distanza ed eseguire almeno una ventina di scatti in modo che il picco dell'istogramma si trovi a circa un quarto della scala massima e comunque non oltre la metà. Chi ha la reflex può far fare tutto in automatico, impostando il programma di priorità diaframma A, o automatico P, una sensibilità bassa, di 100 ISO (non è necessario scattare alla stessa sensibilità delle foto) e fare una ventina di scatti. Ogni sensore ha un intervallo di luminosità preferito per i flat field ma intanto impariamo a farli, poi capiremo cosa preferisce la nostra fotocamera. Il master flat field è la media di una ventina di scatti. Ogni immagine del cielo dovrà essere divisa per il master flat field.

L'effetto dei flat field è quello di eliminare ogni traccia di polvere e di spianare completamente il campo, facendo sparire quel fastidioso effetto oblò delle immagini. Poiché sono immagini a tutti gli effetti, anche i flat field andrebbero corretti con i relativi dark frame. In alternativa, se il tempo di esposizione dei singoli flat non è superiore a 10 secondi, si potrebbero acquisire i **bias frame**, immagini al buio, con la stessa temperatura, ma di durata nulla, o comunque la più bassa che consente di ottenere la fotocamera. In generale, per le camere digitali di ottima qualità e raffreddate sotto i -20°C, i bias frame possono rappresentare l'alternativa veloce ai dark frame. È consigliabile fare delle prove a casa, in un ambiente controllato, per acquisire dimestichezza con i frame di calibrazione, invece di farsi cogliere impreparati durante una delle rare nottate serene a cavallo della Luna nuova. Tutti i programmi di elaborazione delle immagini astronomiche provvedono a creare i file master e a calibrare i nostri scatti singoli. A questo punto, anzi, potremmo persino chiederci come migliorerebbero le nostre foto a grande campo se iniziassimo a correggerle con i flat field. La risposta è: molto!

Dark frame, T = 25°C, 300 s   Dark frame, T = -20°C, 300 s

Aspetto dei dark frame in funzione della temperatura. A sinistra, quei pixel "caldi" sono dovuti alla componente non casuale della corrente di buio. In pratica la temperatura fa "credere" ai pixel di aver raccolto luce che non esiste. Il rimedio è abbassare la temperatura del sensore e togliere ciò che resta nelle immagini del cielo attraverso il master dark frame.

Master bias (11 frame), T =-15°C   Master dark (9 frame), T = -15°C, 300 s

Aspetto di un master bias frame e di un master dark frame. Le somiglianze non sono casuali, poiché il dark frame contiene anche i difetti dell'elettronica, ovvero quelli che mappa il bias frame. Per questo motivo le immagini del cielo e i flat field si correggono o con il master dark frame o con il master bias frame. Camera CCD monocromatica SBIG ST-10XME.

Il modo più semplice per fare i flat field: un foglio da disegno posizionato di fronte al telescopio e illuminato da una torcia a led, senza cambiare per nessun motivo la configurazione di ripresa.

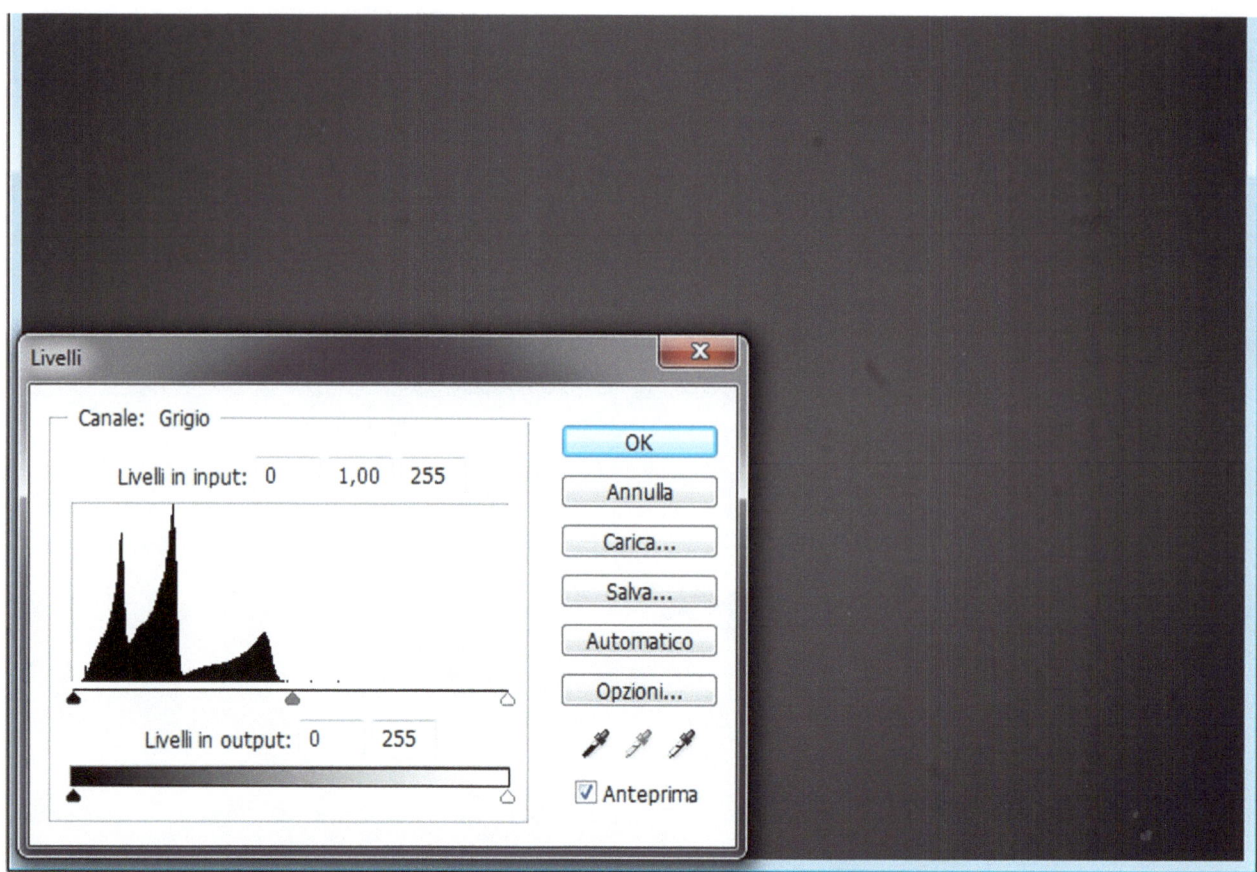

Un ottimo master flat feld ottenuto sommando (o mediando) una ventina di singoli scatti. Fotocamera Canon 450D, rifrattore ED 70-420 e tecnica del foglio da disegno illuminato dalla lampada a led di uno smartphone. I livelli medi di luminosità dei flat field dipendono dalle proprietà della camera fotografica. Orientativamente: esposizione automatica, al massimo sottoesposta di mezzo stop per le reflex, circa 8000-10000 ADU per le camere astronomiche e 25000 ADU per le camere scientifiche, considerando sempre un contatore analogico-digitale a 16 bit.

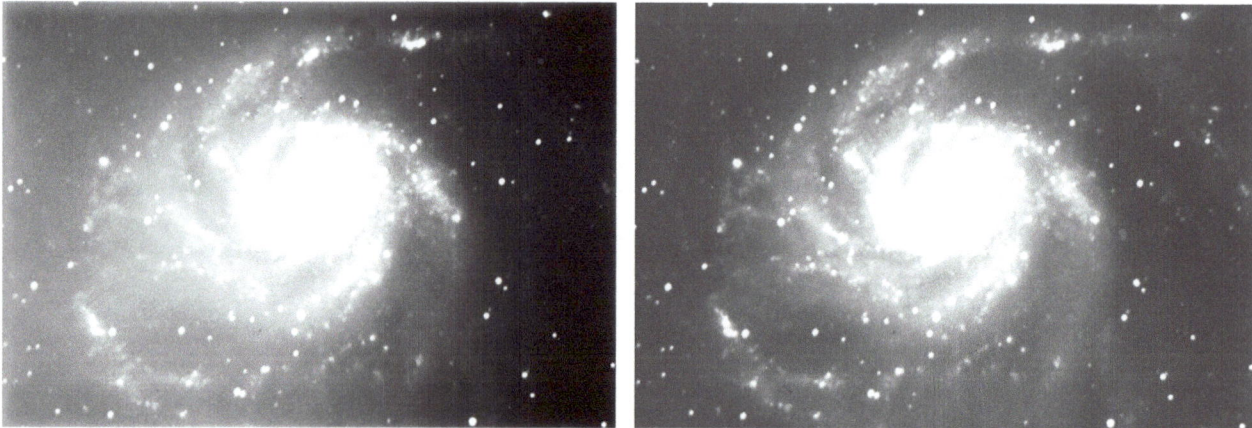

l'effetto miracoloso di un buon flat field. A sinistra: la fotografia della galassia M101 mostra un gradiente di luce verso sinistra. Si potrebbe (provare a) eliminare in elaborazione ma non ci sarà modo di capire dove arriva il gradiente e dove, invece, si trovano i deboli dettagli delle porzioni esterne dei bracci a spirale. A destra: un ottimo master flat field dirime la questione e tutto quello che rimane sono dettagli della galassia. Newton da 25 cm f4.8, montatura EQ6, camera CCD monocromatica scientifica SBIG ST-7XME. Trenta singole esposizioni di flat field, corrette con i relativi dark frame, eseguite con luminosità di picco a 25 mila ADU e metodo del foglio bianco di fronte al telescopio.

8. Fotografia deep-sky con piccoli telescopi

La nebulosa Laguna, classico obiettivo per tutti gli aspiranti astrofotografi. Telescopio Newton da 130 mm f5, montatura EQ6, camera CCD a colori raffreddata SBIG ST-2000XCM. Nonostante i soli 2 milioni di pixel, la foto è venuta bene, vero? Certo, perché il numero di mega pixel non conta quasi nulla in fotografia astronomica, anzi, spesso porta più problemi che soluzioni oltre una certa soglia.

8.1   Cosa fotografare

Nebulose, ammassi stellari, galassie più luminose, attraverso un piccolo telescopio, utilizzando la propria reflex digitale o una camera astronomica a colori, applicando quindi la tecnica delle lunghe esposizioni vista nel progetto dedicato al grande campo, con qualche necessaria variazione.

8.2   Perché

Le stelle che osserviamo in cielo sono solo la punta meno spettacolare di uno straordinario iceberg fatto di colori straordinari e corpi celesti dalle dimensioni inimmaginabili. Nebulose, ammassi stellari e un paio di galassie, come Andromeda e M33, sono soggetti molto più estesi della Luna piena vista a occhio nudo, ma estremamente deboli. In fotografia esplodono di dettagli e colori che l'occhio non potrà mai percepire.

8.3   Difficoltà

Alta:
- Corretta messa a fuoco;
- Necessità di una montatura equatoriale computerizzata;
- Necessità dell'autoguida, stabile e affidabile;
- Configurazione corretta dell'autoguida.

8.4 Costo

Alto. In generale a partire da 1500 euro. Possiamo aumentarlo a piacere anche oltre i 10 mila euro, ma consiglio di investire questo denaro viaggiando alla ricerca di cieli scuri, magari nell'emisfero sud.

8.5 Dove e quando

Cielo scuro e senza Luna: ormai la filastrocca la dovremmo conoscere! Per fortuna la turbolenza atmosferica non pone problemi, vista la generosa scala dell'immagine alla quale di solito si lavora.

8.6 Strumentazione

Siamo all'opposto di quanto visto per la fotografia planetaria. Molti oggetti del cielo profondo sono infatti piuttosto estesi, quindi serve un grande campo apparente. La minore luce raccolta dai piccoli telescopi può essere bilanciata, almeno in parte, aumentando il tempo di integrazione:

- **Telescopio**. Piccolo rifrattore ED, dal diametro compreso tra 50 e 80 mm e rapporto focale tra f5 e f7. Lo strumento per eccellenza è lo Skywatcher 80ED, che ha introdotto la fotografia a lunga posa a generazioni di astrofotografi. Una buona ed economica alternativa è rappresentata dai recenti Newton fotografici, come lo Skywatcher 130 PDS, il cui costo è inferiore ai 300 euro ed è quindi il telescopio più economico per questo tipo di fotografia. I telescopi Newton sono meno portatili e richiedono la collimazione, ma hanno il vantaggio di essere molto luminosi e di non soffrire di aberrazioni cromatiche. Un'alternativa ancora più economica è rappresentata dai vecchi obiettivi fotografici a vite (passo M42) da 200-300 mm, il con un costo nell'usato è inferire a 150 euro. Questi possono essere utilizzati, grazie a specifici raccordi, sia con le reflex che con le camere astronomiche. Un eccellente rapporto tra qualità e prezzo è rappresentato dagli obiettivi Nikkor o Super Takumar, ad esempio il 200 f4. E' con questo che sono state ottenute le foto dell'ultima riga dell'immagine del paragrafo "risultati";
- **Spianatore di campo**. A eccezione dei rifrattori più complessi e costosi, tutti gli altri necessitano di questo accessorio ottico da avvitare alla camera di ripresa per correggere i bordi del campo, che altrimenti apparirebbero disturbati da due aberrazioni ottiche: la coma e la curvatura di campo. Il risultato è che le stelle fuori dal centro appaiono sfocate e allungate, come delle piccole comete. Per i riflettori Newtoniani è invece necessario un **correttore di coma**;
- **Fotocamera**. La reflex, assolutamente modificata, va bene e permette di ottenere già ottimi risultati. Non è vantaggioso quanto si pensa utilizzare una reflex professionale, perché i risultati non saranno proporzionali alla maggiore spesa. A questo punto, un'eccellente alternativa è rappresentata dalle camere astronomiche CMOS raffreddate. Una QHY 174 a colori raffreddata si trova infatti a circa 1000 euro. Queste permettono risultati di gran lunga migliori di quelli raggiungibili con le reflex professionali da oltre 2000 euro. Il parere personale è che non valga però la pena investire più di 1500 euro per una camera a colori da utilizzare per la fotografia astronomica. Nella scelta della camera astronomica, attenzione al campionamento che si ottiene considerando il telescopio e le dimensioni dei pixel. Orientativamente, strumenti di 70-80 mm di diametro non dovrebbero essere utilizzati con scale più piccole di 1.5-2 secondi d'arco per pixel, se si vogliono immagini incise e facili da guidare. Il rifrattore 80 ED della Skywatcher ha una focale di 600 mm, quindi per avere un campionamento di almeno 2 secondi d'arco su pixel servono pixel di: $d = c \times F/206265 = 0.0058$ millimetri = 5.8 micron, proprio le dimensioni dei pixel della QHY 174. Pixel più piccoli portano a un sovracampionamento che, considerando la turbolenza e il limite di risoluzione di questi strumenti, produrrà immagini poco incise e con stelle di generose dimensioni. Telescopi con focale più corta, 400-500 mm, tollerano sensori con pixel più piccoli, ma attenzione perché più piccoli sono i pixel, minori sono sensibilità e dinamica e più precisa deve essere la guida;
- **Montatura**. Non ci sono scorciatoie: questa deve essere assolutamente di tipo equatoriale e molto robusta, dotata di puntamento automatico. Non è raro che sia questa la parte più

costosa dell'intero setup. Per assicurare una sufficiente stabilità è necessario impiegare almeno una EQ5 o similari. Per essere sicuri, conviene fare un maggiore investimento e dotarsi di una HEQ5, capace di sostenere senza problemi carichi fotografici fino a 8-10 kg. Se si prevede di andare avanti con la passione e impiegare anche telescopi di maggior diametro e focale, l'acquisto definitivo è una EQ6, che può sostenere in fotografia a lunga esposizione anche pesanti tubi ottici come un Newton da 25 centimetri o Schmidt-Cassegrain da 28-30 centimetri. Attenzione perché una EQ6 pesa circa 18 kg e il trasporto inizia a diventare impegnativo;

- **Sistema di guida.** Cannocchiale in parallelo con camera di guida monocromatica, tipo ASI 120MM o QHY5L-II. Dati i pixel da 3.75 micron per entrambe, un buon campionamento si raggiunge a partire da una focale tra un terzo e la metà di quella di ripresa. Se si utilizzano obiettivi fotografici, occorre dotarsi di una barra di collegamento alla montatura che possa tenere due strumenti, visto che il sistema di guida non lo potremo montare sopra il principale;

- **Filtro anti inquinamento luminoso.** A meno che non riprendiamo da un cielo più scuro della magnitudine superficiale 21.2-21.3, esistono in commercio dei filtri che migliorano la situazione in caso di cielo moderatamente inquinato. Il più utilizzato è l'IDAS LPS V4. Questo lascia passare la luce emessa dalle nebulose e taglia quella delle lampade stradali al sodio e al mercurio. Purtroppo non può fare nulla contro i LED. Questi filtri sono molto vantaggiosi sulle nebulose, un po' meno per le galassie, ma sempre utili. Non sono la soluzione alternativa a un cielo scuro ma un buon rimedio per chi non lo può raggiungere;

- **Computer portatile.** Viste le basse capacità di calcolo richieste, si possono utilizzare anche tablet e ibridi, purché dotati di una porta USB e preferibilmente con sistema operativo Windows. Se non si vuole portare un computer sul campo, l'alternativa è usare una reflex per la ripresa e un'autoguida standalone, che non richiede un computer. Non sempre queste funzionano bene e, visto che ormai anche un tablet da 50 euro alimentato con un power bank può gestire una sessione fotografica, non c'è motivo di complicarsi la vita.

Differenza di resa tra una reflex non modificata (a sinistra), quindi quasi cieca al rosso delle nebulose, e la stessa dopo la modifica (a destra). Canon 450D, montatura EQ2 Astrofoto. Per fare foto alle nebulose con la reflex occorre modificarla. La modifica costa circa 200 euro e un tempo era l'unica strada percorribile, se non si volevano acquistare camere CCD da oltre 2000 euro. Oggi, però, è lecito chiedersi: vale ancora la pena fare la modifica alla reflex? 300 euro di fotocamera nuova, da cannibalizzare per l'astrofotografia con altri 200 euro di modifica. 500 euro di spesa totale, nella migliore delle ipotesi, per avere una camera che soffre molto le lunghe pose, soprattutto con il caldo estivo. Ora con meno di mille euro si possono acquistare le nuove camere astronomiche a colori raffreddate con sensori CMOS, molto più performanti persino delle reflex professionali nella fotografia a lunga posa, quindi: la modifica vale la pena? Diamo un'occhiata, per cominciare, alla ASI 174 MC cool o alla concorrente QHY174C. Le cose stanno cambiando e anche in fretta!

8.7 Tecnica di ripresa

Quando si parla di immagini del profondo cielo, l'unica parola d'ordine è "integrazione". Le migliori fotografie sono fatte sotto cieli molto scuri e con ore di integrazione. Il minimo sindacale è due ore per gli oggetti più brillanti, come la nebulosa di Orione e la Laguna. Quattro - cinque ore di integrazione per soggetto di solito iniziano a essere buone. Non facciamoci prendere dalla fretta: meglio fotografare bene un soggetto, o tanti ma male? In una nottata di solito si fotografa un solo oggetto, al massimo due se è inverno e la notte dura più di 12 ore. Ricordiamoci che il segnale non catturato sul campo non lo potremo mai recuperare in elaborazione. È durante la notte che si scrive la storia di ogni foto.

I passi tipici di una sessione di fotografia deep-sky possono essere così riassunti, con qualche variazione sul tema che solo l'esperienza ci permetterà di fare:

1) Recarsi sul luogo prescelto prima del tramonto del Sole. A meno che non si viva in aperta campagna, dovremmo fare diversi chilometri per raggiungere il luogo adatto;

2) Montare la montatura, orientandola in modo approssimativo a nord con una bussola. Si spera, infatti, che sia ancora giorno e che la Polare non si veda. Lo stazionamento preciso sarà una delle ultime operazioni da fare;

3) Mettere in bolla la montatura. Di solito alla base delle montature c'è una piccola bolla che serve allo scopo. Se non è presente possiamo usare una livella. È importante, più di quanto visto per il grande campo, che il treppiede, quindi la base della montatura, sia in bolla. Questo conferisce maggiore stabilità alla struttura e rende molto più facile lo stazionamento polare, ma non influisce direttamente sulla bontà dell'inseguimento;

4) Montare i pesi, il telescopio, la camera di ripresa e tutto l'occorrente per fare foto. In questa configurazione si deve bilanciare lo strumento. Non sempre si raggiunge un bilanciamento perfetto, a causa della mancanza di simmetria. Una buona idea è quella di bilanciare il telescopio nella zona che verrà fotografata. Attenzione perché non sempre è necessario che la struttura sia in perfetto equilibrio, anzi. Molte montature lavorano meglio con un piccolo sbilanciamento in entrambi gli assi. L'esperienza insegna che l'asse di ascensione retta dovrebbe essere sbilanciato, di poco, nel verso contrario alla rotazione del motore (ovvero dovremmo avere più peso nella direzione opposta al moto siderale). Anche l'asse di declinazione dovrebbe essere leggermente sbilanciato, ma non c'è una direzione preferenziale. Questo piccolo sbilanciamento assicura un migliore accoppiamento degli ingranaggi e dovrebbe rendere più stabile l'autoguida. Attenzione a non esagerare (ovvero sbloccando gli assi il telescopio non dovrebbe ruotare con violenza!) perché i motori, sforzando, potrebbero produrre dei salti durante la guida. Ogni montatura e ogni telescopio hanno il proprio settaggio ottimale; saranno esperienza e sensibilità a farci capire quale sarà il giusto grado di sbilanciamento, che dipende anche dalla declinazione dell'oggetto fotografato (oggetti molto bassi sull'orizzonte esigono sbilanciamenti più blandi, mentre quelli che passano allo zenit vogliono sbilanciamenti più marcati);

5) Effettuare lo stazionamento, da non confondere con l'allineamento del sistema GOTO, che non c'entra nulla e non determina la precisione dell'inseguimento. Lo stazionamento ormai dovremmo aver imparato a farlo dalle esperienze passate. In questi casi deve essere fatto con maggiore precisione, anche se un errore fino a mezzo grado sarà comunque compensato dall'autoguida. Assicurarsi di aver stretto bene le gambe del treppiede, le viti che agganciano il telescopio alla montatura, le viti di regolazione per lo stazionamento. Sembrano cose scontate ma ho visto fin troppe sessioni di fotografia rovinate da una gamba del treppiede che ha ceduto o dalla base della montatura non stretta. Fare le cose con calma e metodo aiuta (ecco perché è bene arrivare prima del tramonto!);

6) Mettere a fuoco. Operazione delicatissima, per di più da rifare durante la nottata, se la temperatura cambia di diversi gradi. Il sacro Graal della messa a fuoco è la maschera di Bahtinov, una specie di griglia da porre di fronte l'obiettivo del telescopio che produce, sulle stelle brillanti, dei baffi di luce molto evidenti. Quando l'immagine è a fuoco, i baffi sono simmetrici

e centrati sulla stella. Si tratta di un rivoluzionario sistema di messa a fuoco che può letteralmente salvare diverse serate, facile da costruirsi (http://astrojargon.net/maskgen.aspx) ed economico da acquistare presso ogni negozio di materiale astronomico. La messa a fuoco con la maschera di Bahtinov si fa su una stella brillante più vicino possibile alla zona di cielo da fotografare. Se non si dispone di questo accessorio, il fuoco va fatto alla vecchia maniera su una stella non troppo brillante. Se stiamo usando un telescopio a specchi, bisogna controllare anche la collimazione attraverso lo star test su una stella luminosa, prima di mettere a fuoco;

7) Fare l'allineamento del GOTO. Sia che si utilizzi la pulsantiera o il computer, il GOTO è molto utile, a volte indispensabile per gli oggetti deboli che non si vedono nel cercatore. Non occorre un allineamento preciso, se lo stazionamento è fatto bene. A volte basta quello a una stella, se questa non è lontana dalla zona da fotografare;

8) Puntare la zona da fotografare. Curare l'inquadratura. Se si deve cambiare orientazione alla camera, bisognerà ricontrollare la messa a fuoco. Ricordarsi di serrare la vite del focheggiatore e quelle di blocco degli assi della montatura;

9) Accendere la camera di guida e interfacciarla a PHD. Se si guida con la porta ST-4, alla voce montatura si deve selezionare "on camera", altrimenti "ascom". Con un tempo di esposizione di 1-2 secondi, visualizzare le immagini per mettere a fuoco il telescopio guida. Occorre un po' di pazienza e se necessario spostarsi su una stella brillante. È consigliabile che il telescopio guida inquadri lo stesso campo del principale, così sappiamo sempre dove punta;

10) A questo punto, se tutto sembra funzionare, abbiamo di fronte a noi due strade. Possiamo fare la calibrazione della guida su una delle stelle presenti nel campo e iniziare la sessione, oppure, se ancora non è proprio buio, possiamo acquisire i flat field, con il metodo descritto nella sezione dedicata. La procedura è semplice e veloce, ma prevede di spostare il telescopio e ricentrare poi la zona da fotografare. Se rimane tempo si possono acquisire bias frame e/o dark frame, sia per le foto che per i flat, ma nel caso dei dark dobbiamo sapere quale sarà il tempo di posa delle fotografie che andremo a scattare;

11) Se la calibrazione della guida va a buon fine, possiamo iniziare l'autoguida e vedere se va bene, prima di cominciare la sequenza di foto. Il tempo di esposizione dovrebbe essere compreso tra uno e due secondi ma dipende dal campionamento e dal seeing. Di solito è preferibile usare tempi lunghi perché quelli corti sono molto più disturbati da variazioni di turbolenza atmosferica, con il risultato che la stella potrebbe spostarsi a causa del seeing e non a causa dell'inseguimento imperfetto. L'autoguida sul seeing si riconosce perché il grafico sembra mosso quanto quello di un sismografo che ha registrato un terremoto. Il tempo di esposizione migliore, di solito, è di 2 secondi. Osservare il grafico di guida per qualche minuto e regolare di conseguenza aggressività e isteresi per renderlo più dolce possibile;

12) Se gli errori medi di guida sono confrontabili o inferiori al campionamento del telescopio principale, e in ogni caso hanno andamenti casuali, allora può iniziare la sessione fotografica. Sia che si usi una reflex che una camera astronomica, è sempre bene che questa sia gestita da un programma, sullo stesso computer usato per la guida. Si può usare il semplice (e obsoleto) EOS utility per gestire le reflex Canon, oppure il gratuito APT o il potente MaxIm DL. Disattivare lo schermo della reflex per risparmiare batteria e ricordarsi che, se la serata andrà bene, ne servirà almeno un'altra di ricambio;

13) La durata delle singole esposizioni dipende dalla lettura dell'istogramma. Poiché si lavora con telescopi più chiusi degli obiettivi fotografici, di norma i tempi di esposizione vanno dai 5 ai 10 minuti. A fare la differenza il cielo e la camera. Con un cielo scuro, ovvero con luminosità superficiale oltre 21, una camera a colori raffreddata e un telescopio f6, i tempi di esposizione sono compresi tra 10 e 15 minuti. Con le stesse condizioni e una reflex digitale, meglio non eccedere i 5 minuti, con sensibilità di 800-1600 ISO. Fare delle prove e osservare

la posizione dell'istogramma, il cui massimo deve essere ben staccato dalla zona nera ma ancora lontano da metà scala;

14) Quando vedremo i primi scatti giungere sul computer, ben inseguiti, la gioia sarà immensa, ma non facciamoci ingannare: ne serviranno tanti prima di avere a disposizione una bella immagine! Integrare per almeno due ore e in generale il tempo necessario per avere almeno 20-30 immagini buone da sommare. Ogni ora è bene controllare la corretta messa a fuoco. Ricordarsi, se non si è fatto all'inizio della serata, di riprendere i flat field, i dark frame e i bias frame alla fine della sessione.

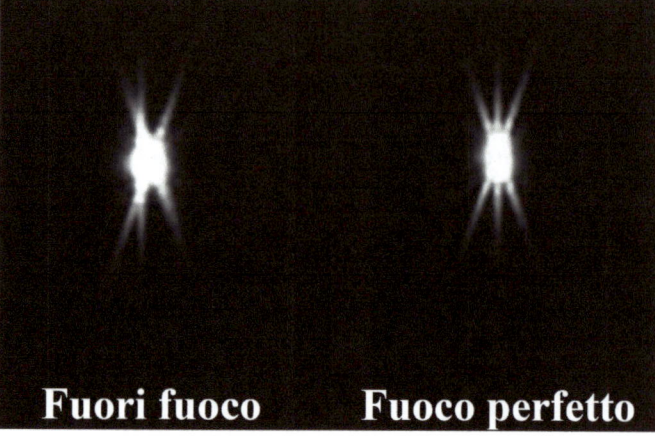

La maschera di Bahtinov è fondamentale per una veloce messa a fuoco. Si inserisce come un tappo di fronte all'obiettivo del telescopio e si punta una stella luminosa. Il fuoco si raggiungerà quando la figura stellare sarà perfettamente simmetrica.

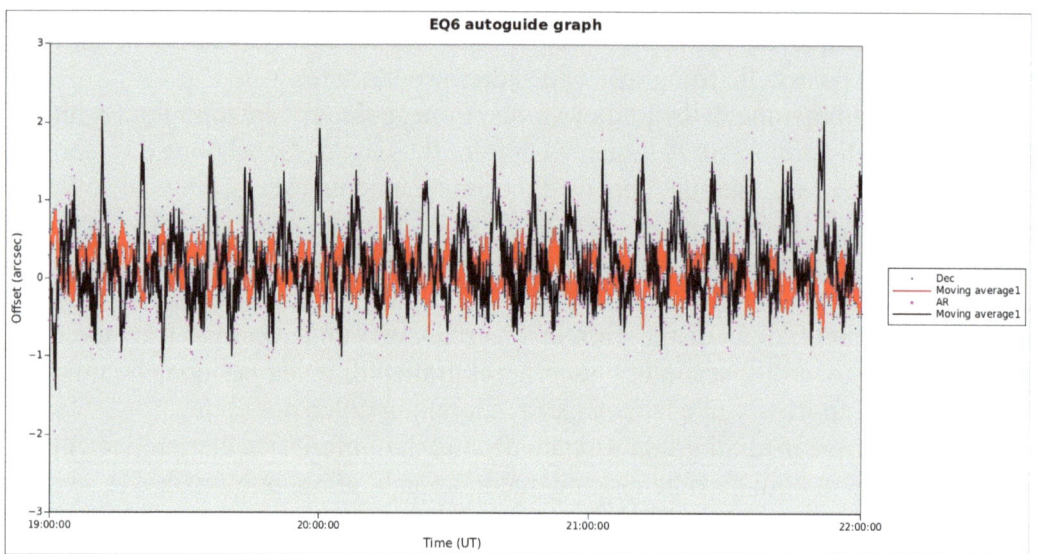

Grafico di autoguida di una sessione fotografica effettuata con una montatura EQ6 prima serie, un rifrattore ED 70-420 e una camera CCD a colori con doppio sensore SBIG ST-2000XCM. Si notano andamenti periodici sia in declinazione che in ascensione retta ma questo grafico, senza altre informazioni, può raccontare una storia molto diversa dalla realtà. Il campionamento utilizzato per fare autoguida è di 3.6 secondi d'arco per pixel, lo stesso di quello della camera di ripresa. Le fluttuazioni medie in Dec sono inferiori a ±0.5 secondi d'arco, mentre quelle in AR sono dell'ordine di ±0.8 secondi d'arco. Non ci sono picchi superiori a 2 secondi d'arco in tutta la sessione (3 ore). Questo significa che il grafico è molto buono per il campionamento utilizzato dalla camera di ripresa e le stelle risulteranno sempre perfettamente puntiformi. Il grafico, quindi, sembra brutto perché abbiamo allargato troppo la scala degli errori (asse Y). In questo caso la precisione è limitata dalla generosa scala dell'immagine. I software di guida riescono a stimare spostamenti anche fino a 1/10 di pixel, ma la precisione reale diminuisce, come si vede dalle oscillazioni dell'asse di declinazione, dovute alle incertezze nella stima del centroide stellare. È anche questo il motivo per cui il campionamento del sistema di guida non dovrebbe essere troppo diverso da quello del sensore principale. Se avessimo utilizzato questa scala dell'immagine per guidare un telescopio con un campionamento inferiore a 1 secondo d'arco su pixel, avremmo ottenuto stelle sempre allungate in ascensione retta.

8.8 Tecnica di stacking

Sostanzialmente uguale a quella già affrontata per il grande campo. Per iniziare, Deep Sky Stacker è tutto quello di cui abbiamo bisogno. Bisogna solo prestare attenzione a visualizzare ogni immagine con attenzione e scartare quelle non correttamente inseguite, se ce ne sono. Il passaggio di aerei e satelliti, invece, abbastanza frequente, non è un problema, perché l'algoritmo di combinazione di Deep Sky Stacker riesce a escludere i fenomeni transienti con efficienza.

8.9 Elaborazione

Ogni oggetto celeste fa storia a sé.

In linea generale, prima viene la fase di stretch, in cui si regolano le curve di intensità per mostrare tutto il segnale catturato, dalle regioni più luminose (senza saturarle) a quelle più deboli, ricordandosi di non azzerare mai la luminosità del fondo cielo. Poi si passa al lato più estetico, secondo il nostro gusto e la bontà dell'immagine, ovvero regolazione dei contrasti, interventi sulle stelle, sul rumore e sul bilanciamento cromatico. La scaletta non è vincolante e con l'esperienza è personalizzabile a piacere. Più segnale avremo raccolto, minori saranno gli interventi estetici, quindi ricordiamocelo in fase di acquisizione, se non vogliamo impazzire in elaborazione.

Gli ammassi stellari aperti richiedono pochi interventi, giusto una regolazione alle curve e ai colori. Le nebulose, invece, soprattutto quelle che presentano zone di forti contrasti, richiedono molta attenzione nella fase di stretch e in quella di esaltazione dei contrasti. In quest'ultimo caso potremo provare ad agire localmente. Ci saranno infatti zone con molto segnale e altre con poco. Se applichiamo un filtro di contrasto all'intera immagine, faremo aumentare il rumore nelle regioni più scure. In questi casi si fanno quelle che sono chiamate maschere, con programmi di fotoritocco come Photoshop, o con PixInsight. Con Photoshop possiamo usare lo strumento lazo, fare una selezione manuale attorno alla regione con molto segnale che vogliamo contrastare, sfocare la selezione di 50-100 pixel e applicare una leggera maschera di contrasto, stando attenti a non creare troppo stacco con le regioni esterne alla selezione.

Se abbiamo ripreso campi nebulari molto ricchi di stelle, e questo succede spesso con i piccoli rifrattori, potremo voler ridurre, di poco, le dimensioni delle stelle, che a volte distraggono dalla visione della debole nebulosa di fondo. In questo caso dovremo selezionare solo le stelle, sfumare la selezione di uno o due pixel e applicare un filtro minimo (se si usa Photoshop) con il più piccolo raggio possibile. Facile a dirsi, meno a farsi. Come si selezionano le stelle? Si può provare con lo strumento bacchetta magica, usato con una tolleranza di circa 30-50, cliccando sulle porzioni di fondo cielo. Tenendo premuto il tasto "shift", si continua a cliccare sulle regioni del fondo cielo e della nebulosa, fino a quando la selezione avvolge solo le stelle più brillanti. Si inverte la selezione (selezione → inverti), si espande di un paio di pixel (selezione → espandi), si sfuma di un pixel (selezione → sfuma) e poi si applica il filtro minimo (filtro → altro → minimo), ed ecco la magia.

Una buona alternativa, che aiuta non poco durante le fasi dell'elaborazione successive allo stretch, è rappresentata, per chi usa Photoshop, da delle azioni preimpostate come quelle di Astronomy Tools. Si tratta di operazioni precaricate che vengono eseguite in automatico, senza l'intervento (a volte disastroso) dell'utente. Questo pacchetto ha un costo contenuto e contiene diverse azioni interessanti per tutte le fasi successive allo stretch, tra cui quella di riduzione dei diametri stellari appena descritta.

L'argomento è vasto e molto complesso ed esula dagli scopi di questo libro. Intanto impariamo a ragionare e a capire, osservando l'immagine, di cosa avrebbe bisogno per mostrare tutto il suo potenziale. Come applicare nella pratica le idee lo scopriremo strada facendo, studiando e sbagliando tante volte.

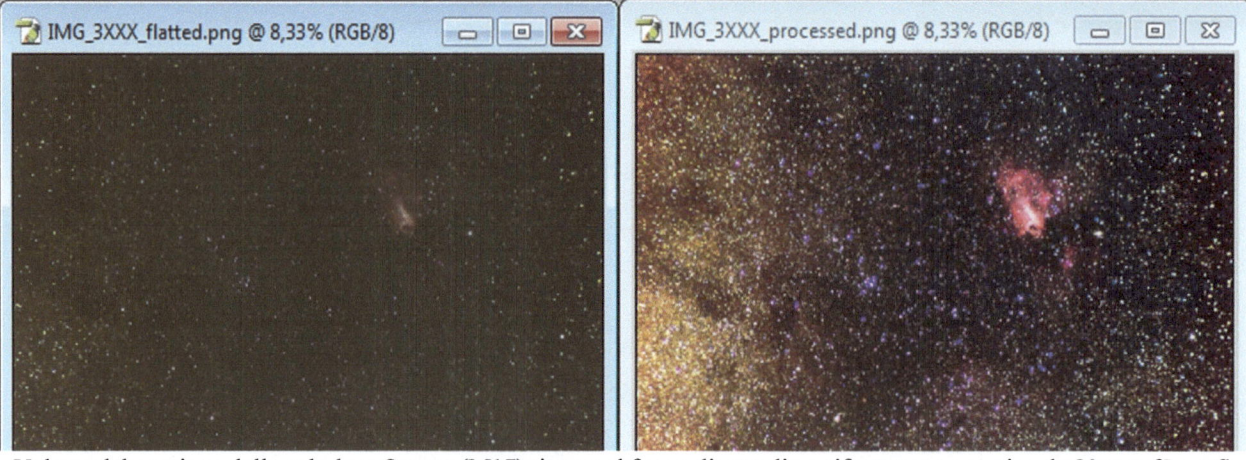

Veloce elaborazione della nebulosa Omega (M17) ripresa al fuoco diretto di un rifrattore acromatico da 80 mm f5 e reflex Canon 450D modificata. A sinistra l'immagine grezza, a destra dopo la sola correzione di curve e bilanciamento cromatico. L'immagine è già bella così, ma questo risultato tanto semplice in elaborazione è frutto di un'attenta tecnica di ripresa. Cielo molto scuro, messa a fuoco precisa, acquisizione di ottimi flat field, sistema di guida stabile che non ha causato la deriva che può innescare il temuto rumore a pioggia, integrazione generosa di un paio d'ore con esposizioni di 2 minuti.

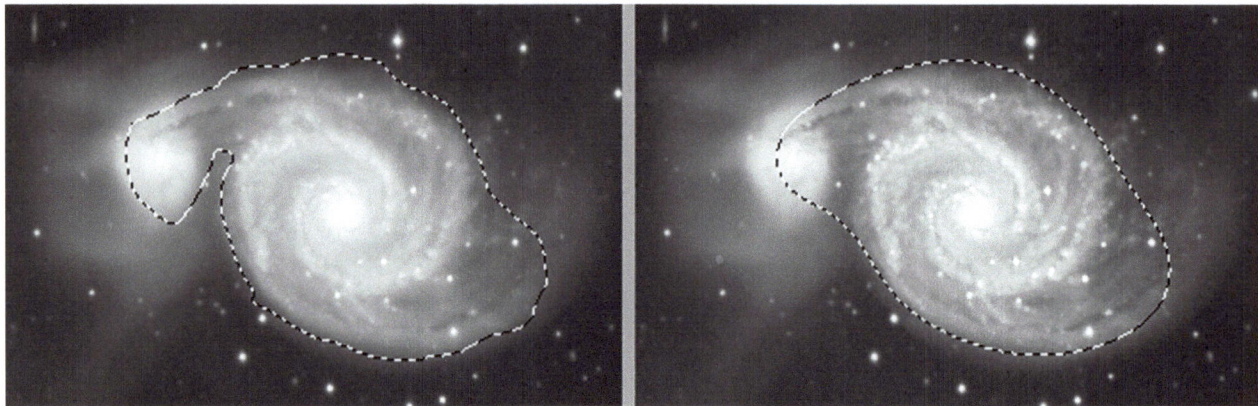

Spunti per un'elaborazione un po' più aggressiva. Le zone con molto segnale giovano di una maschera di contrasto, che però deve essere localizzata e non includere le porzioni più scure, che altrimenti mostrerebbero un livello di rumore intollerabile. Basta fare una selezione attorno al dettaglio (a sinistra), sfumarla generosamente (50-100 pixel, dipende dalle dimensioni) e applicare una leggera maschera di contrasto (a destra), con intensità tale da raggiungere un livello di rumore confrontabile con quello delle zone adiacenti. In questo caso potremmo anche invertire la selezione e regolare meglio le curve del resto dell'immagine, in modo che l'alone della galassia risalti senza dover saturare le più brillanti regioni interne.

8.10 Errori più comuni

Quando le cose si complicano, l'inesperienza fa fare quasi sempre degli errori. Errare fa parte del gioco, quindi non prendiamola sul personale se prima di ingranare la serata giusta ne dovremo buttare un paio. Gli errori sono spesso banali, ma nella concitazione del momento non è facile pensare a tutto:

- Stelle mosse, nonostante la guida fosse buona. Capita spesso durante le prime esperienze. Se si utilizza un telescopio di guida, la causa è quasi sicuramente dovuta a delle piccolissime flessioni tra il telescopio di guida e il principale, impossibili da notare o occhio ma distruttive per la serata, perché se guardiamo l'autoguida tutto sembra andare bene. Bisogna assicurarsi di avere un supporto adeguato che sorregga il telescopio e ricordarsi di stringere bene tutte le viti e i collegamenti. Un supporto adeguato è rappresentato da una barra di alluminio e degli anelli robusti. Non bisogna neanche pensare di utilizzare un supporto traballante come quello del cercatore del telescopio o quello per la fotografia in parallelo a grande campo;
- La stella guida va in deriva in declinazione per qualche secondo d'arco, prima che la guida riesca a correggere lo spostamento. Stiamo facendo i conti con un fenomeno chiamato

"backlash", ovvero un piccolo gioco tra la vite senza fine dell'asse di declinazione e la corona dentata. Questo fa sì che, quando il moto di declinazione si deve invertire, ci sarà un momento in cui la vite girerà a vuoto prima di ingranare il dente della corona. È un problema meccanico molto sentito sulle montature economiche, come la EQ3.2 e la EQ5, non eliminabile a causa del disegno progettuale. La soluzione è decentrare leggermente (pochi minuti d'arco) l'asse polare della montatura dal polo nord celeste, spostandolo più a est o più a ovest. Questo leggero disallineamento costringerà il sistema di guida a fare correzioni in declinazione solo in una direzione. In questa situazione, individuato il verso della correzione, si possono disabilitare gli impulsi in declinazione dati nella direzione contraria, per evitare che il seeing o un piccolo colpo di vento costringano la montatura a fare una rara correzione nel senso contrario e a innescare l'effetto pendolo causato dal backlash. Per le montature HEQ5 ed EQ6, invece, il backlash si può eliminare regolando bene gli accoppiamenti della vite senza fine con la corona, ma stando attenti a non stringere troppo, altrimenti in fase di guida potrebbero evidenziarsi dei salti del motore. In generale, un piccolissimo backlash è preferibile a un accoppiamento troppo stretto. In fase di ripresa basta un leggero sbilanciamento in declinazione affinché gli ingranaggi restino sempre in contatto e annullino il backlash;

- Alcune immagini sono sfocate. Con i piccoli rifrattori non succede spesso ma non è da escludere. Nonostante una messa a fuoco iniziale perfetta, durante la serata il cambiamento brusco della temperatura, o un piccolo slittamento del focheggiatore (era ben stretta la vite di blocco?), possono introdurre leggere sfocature che naturalmente non si recuperano in fase di elaborazione. La messa a fuoco andrebbe tenuta sotto controllo almeno una volta ogni ora, soprattutto durante la prima parte della notte, quando la temperatura ambientale varia molto e il telescopio non è ancora ben acclimatato;

- Aloni azzurri/rossi attorno alle stelle più luminose. Benvenuti nel magico mondo dell'aberrazione cromatica. A meno di non avere un super costoso Takahashi formato da tre o quattro lenti, tutti i rifrattori semi apocromatici (ED) mostrano residui di aberrazione cromatica. Non è colpa loro, lo dice la fisica: per correggere tutto lo spettro visibile servono almeno tre lenti. Finché ce ne sono due, per quanto buone possano essere, un minimo di cromatismo rimane sempre e si manifesta spesso con aloni blu attorno alle stelle luminose. Non è un errore, è il nostro strumento. La soluzione è vendere un rene per un apocromatico vero a tre lenti o passare agli specchi, che non hanno cromatismo per definizione;

- Scatti in jpg e non in formato RAW. Siamo mezzi rovinati e non c'è niente da fare. Elaboriamo i jpg e vediamo cosa esce fuori. In ogni caso questo sarà il problema minore;

- Rumore a pioggia nell'immagine da elaborare. Se usiamo una camera raffreddata questo non esiste, se abbiamo l'accortezza di riprendere dei buoni dark frame. Per le reflex, come visto nel progetto dedicato al grande campo, questi potrebbero non bastare. Siamo però di fronte a qualche problema con il nostro setup: se l'autoguida è stata sempre attiva, com'è possibile che si formi rumore a pioggia, visto che è innescato da una lenta deriva dell'immagine? Vuol dire che ci sono ancora delle flessioni tra il telescopio di guida e quello in parallelo, che non hanno rovinato le singole foto, questa volta, ma che andrebbero eliminate;

- Alcune immagini hanno dei baffi di luce. Sembra assurdo, ma: abbiamo tolto la maschera di Bahtinov dopo la messa a fuoco? Avvolti dai fumi della concitazione o del sonno, ho visto fin troppi scatti eseguiti con la maschera di Bahtinov abbandonata sul telescopio;

- Troppo filtro antirumore durante la fase di elaborazione. È un classico. Magari si ha a disposizione un'immagine grezza con poco segnale (quante pose abbiamo sommato?) e si spera di poter ottenere in elaborazione un'immagine che rivaleggia con il telescopio spaziale Hubble. Tiriamo e tiriamo livelli e contrasti fino ad accorgerci che il fondo è diventato simile a della carta vetrata. A questo punto proviamo a spianare tutto quel rumore con dei filtri appositi antirumore (ad esempio con le azioni di Astronomy Tools o con un plugin dedicato, come Noise

Ninja), ottenendo un'immagine assolutamente irrealistica. I filtri antirumore andrebbero inseriti nell'elenco delle armi pericolose e lasciati usare solo a chi ormai è esperto di fotografia astronomica, perché possono distruggere una buona immagine. Non aspettiamoci troppo dalla fase di elaborazione e non cerchiamo di rimediare agli errori con altri errori. Meno si manipola una foto, migliori saranno i risultati. Se compare troppo rumore, riprendiamo daccapo l'elaborazione e andiamoci più delicati con stretch e contrasti, in modo che il rumore non diventi troppo evidente. Ricordiamoci del consiglio dato tante pagine addietro: elaborare l'immagine visualizzandola al 200% e fermarsi quando inizia a comparire la granulosità.

Il terribile rumore a pioggia compare con camere non dotate di raffreddamento, esposizioni lunghe e una lenta deriva dell'immagine.

8.11 Suggerimenti per migliorare

Il segreto per migliorare forse lo si è già afferrato: ordine e semplicità. Ci sono così tante cose da fare e variabili da incastrare, che le prime volte sarebbe meglio farsi una scaletta, in inglese "checklist", con tutte le operazioni e le verifiche da eseguire. Una buona base di partenza è rappresentata dal paragrafo "tecnica di ripresa", che può venir arricchito e modificato secondo le proprie esperienze. Come i piloti prima del decollo, seguiamo la nostra checklist e spuntiamo tutte le operazioni eseguite, anche le più banali, prima di partire con l'acquisizione delle immagini,

La fotografia deep-sky al telescopio si può rendere complicata quanto si vuole: possiamo bypassare il sistema GOTO della montatura attraverso un software che faccia per noi il plate solving, ovvero riconosca automaticamente il campo inquadrato senza il nostro intervento e punti qualsiasi oggetto con la precisione di un pixel. Possiamo controllare da remoto il nostro computer, collegandolo via wifi a uno smartphone che mostra in tempo reale il desktop, mentre noi stiamo comodi al caldo della macchina o della casa. Possiamo utilizzare un software come APT, che gestisce anche la fase di dithering interfacciandosi a PHD2, qualora non siamo riusciti a risolvere quelle flessioni che scatenano il rumore a pioggia.

Possiamo, insomma, fare tante cose e applicare tante comodità, che però le prime volte sono solo delle inutili complicazioni. Un passo alla volta. Iniziamo con il far funzionare l'autoguida e a capire la tecnica di base, poi potremo introdurre tutti gli optional che vorremo. Ricordarsi sempre che tutto quello che non c'è non può causare problemi.

8.12 Risultati

Anche con rifrattori di appena 50 mm di diametro si possono ottenere splendidi scatti pieni di colori e dettagli, al contrario della fotografia planetaria che richiede telescopi di grande diametro e impegno. Non basterà una vita per fotografare le migliaia di nebulose e ammassi stellari della Via Lattea.

Le tre fasi che attraversa chi si dedica alla fotografia del profondo cielo attraverso il telescopio. In alto le prime immagini denotano errori tecnici anche grossolani: mancanza di flat field, soprattutto per le Pleiadi, stelle non ben inseguite, come nella fotografia di Orione, e in generale scarsa profondità di dettagli, dovuta a un tempo di integrazione troppo breve o a un cielo fortemente inquinato da luci artificiali.

Al centro: si inizia a padroneggiare la tecnica di acquisizione ma si è nella fase dell'elaborazione selvaggia. Troppo filtro antirumore e contrasti accesissimi, con la vana speranza di estrapolare segnale che non è stato ripreso. Infine, in basso, la terza fase: padronanza della tecnica di acquisizione ed elaborazione, contrasti dolci, stelle colorate e segnale estrapolato nel migliore dei modi, grazie anche a un cielo molto scuro. Le immagini sembrano meno appariscenti della riga centrale ma sono molto più dettagliate, equilibrate e gradevoli da guardare.

9. Fotografia deep-sky a lunga focale

All'interno della galassia di Andromeda, circondati da miliardi di stelle appartenenti a questo sistema stellare a 2.5 milioni di anni luce di distanza. Newton da 25 cm f4.8, montatura EQ6, camera CCD a colori ST-2000XCM. Integrazione: 30X720 (6 ore). Le stelle più deboli visibili in questa foto hanno magnitudine 22, oltre 2 milioni di volte più deboli di quelle visibili a occhio nudo.

9.1 Cosa fotografare

Ammassi globulari, nebulose planetarie e galassie, decine di migliaia di galassie. Corpi celesti di ridotte dimensioni apparenti che necessitano quindi di fotocamere astronomiche, preferibilmente monocromatiche, e telescopi di generoso diametro.

9.2 Perché

Solo per le bellissime forme delle galassie, splendidi gioielli cosmici posti a distanze per noi inimmaginabili, vale la pena affrontare la parte più difficile della fotografia astronomica. Non saremo più spettatori passivi ma impavidi esploratori delle infinite meraviglie dell'Universo.

9.3 Difficoltà

Estrema:

- Eventuale gestione di una camera monocromatica, con annessi filtri e ruota portafiltri;
- Manutenzione del telescopio, che deve essere ben collimato;
- Perfetto stazionamento, bilanciamento e regolazione della meccanica della montatura;
- Necessaria autoguida e montatura con precisioni inferiori al secondo d'arco;
- Assenza totale di vento;
- Bassa turbolenza atmosferica.

9.4 Costo
Molto alto.
A partire dai 5000 euro e molto influenzato dalla camera astronomica. Anche in questo caso si possono superare i 10 mila euro, ma il limite è, di nuovo, il cielo.

9.5 Dove e quando
Mano a mano che le aspettative salgono, le richieste diventano sempre più stringenti. Questo progetto esige sia la stabilità atmosferica delle riprese in alta risoluzione che il cielo scuro della fotografia deep-sky, anzi, ancora più scuro, vista la debolezza degli oggetti che andremo a fotografare. Di solito i luoghi migliori non si trovano in pianura ma in montagna. La brillanza superficiale del cielo dovrebbe essere oltre la magnitudine 21 per ogni secondo d'arco quadrato, altrimenti sarebbe meglio non tentare questa strada ricca di difficoltà e molto dispendiosa a livello economico (e mentale).

9.6 Strumentazione
Il massimo che le nostre tasche e le condizioni medie italiane si possono permettere, ovvero:
- **Telescopio.** Di generoso diametro e con focale non superiore a 1.5, massimo 2 metri, possibilmente molto luminoso. Sebbene vadano molto di moda i telescopi in configurazione Ritchey-Chrétien, come ogni moda non rappresentano quasi mai la scelta migliore. Sebbene relativamente economici, questi strumenti hanno un'alta ostruzione, sono molto difficili da collimare e piuttosto scuri, visto il rapporto focale f8, con conseguenti focali troppo lunghe per molte camere digitali. Sono buoni, ma non eccezionali. Lo strumento ideale è rappresentato da un telescopio Newton fotografico da 20-25 cm, f4-5, quindi tra un metro e 1.2 metri di focale. Diametri maggiori richiedono troppo impegno, anche economico, per i risultati restituiti. La grande luminosità di questi telescopi è imbattibile nello scovare deboli dettagli con basso tempo di esposizione. Al secondo posto arrivano gli Schmidt-Cassegrain aplanatici della Celestron o Meade, utilizzati con un riduttore di focale che porta il rapporto a f6.3. Sebbene più costosi dei Ritchey-Chrétien, sono più facili da gestire;
- **Montatura.** Come minimo è necessaria una EQ6 che riesce a gestire, senza troppi patemi, anche telescopi Newtoniani di 25 cm f5, pesanti più di 10 kg e lunghi un metro. Se si ha una postazione fissa e vogliamo a tutti i costi diventare i migliori al mondo in questo tipo di fotografia, ci si può orientare sulla sorella maggiore EQ8 e considerare anche uno strumento di 30-40 centimetri, ma sempre con rapporto focale tra f4 e f5. Il problema, però, sarà il cielo, quindi di certo non diventeremo più bravi dei colleghi americani o australiani che fanno fotografie sotto cieli incontaminati e ci fregano già con un misero rifrattore da 10 centimetri;
- **Camera digitale.** Per le reflex questo è un campo off limits, più che altro perché avere una tale strumentazione e utilizzarla con una normale reflex vorrebbe dire sprecare gran parte del potenziale a disposizione. Per iniziare a divertirsi va bene anche una camera astronomica a colori ma, per fare le cose sul serio e raggiungere risultati di eccellenza, è obbligatoria una camera digitale monocromatica, con ruota portafiltri motorizzata e i filtri LRGB, più eventualmente una serie di filtri a banda stretta per eseguire fotografie alle nebulose anche dalle zone con moderato inquinamento luminoso (e riprendersi la rivincita su quei fortunati colleghi che hanno a disposizione un cielo perfetto!). La scelta della camera digitale deve essere ponderata, in base alla focale dello strumento con cui vorremo utilizzarla, considerando il seeing medio locale, quindi il campionamento massimo. L'uso di sensori di dimensioni contenute aiuta a ridurre le inevitabili aberrazioni presenti anche con i migliori correttori di coma, oltre una certa distanza dall'asse ottico. Il massimo sfruttabile è un sensore di tipo APS-C ma potremo anche considerarne uno di dimensioni ancora ridotte, se facciamo un ragionamento simile a quello della ripresa planetaria: ammassi globulari, galassie e, a maggior ragione, nebulose planetarie,

sono soggetti relativamente piccoli, tra un minuto d'arco e 20, per una manciata di questi. Poiché il campionamento massimo imposto dalla turbolenza media è al massimo dell'ordine di 0.6-0.7 secondi d'arco su pixel, questi corpi celesti avranno dimensioni comprese tra 100 e 2000 pixel al massimo. Tutto il resto sarà inutile cielo nero, che per altro paghiamo a caro prezzo poiché i sensori astronomici di grande formato hanno costi piuttosto elevati. Una buona camera digitale dovrebbe avere, in teoria, per telescopi di circa 1-1.2 metri di focale, pixel delle dimensioni di 4-5 micron, se il seeing medio è di circa 1.5 secondi d'arco. Per esperienza personale, però, una tale risoluzione si può raggiungere, se va bene, 2-3 volte in un anno. Molto più versatili sono sensori con pixel da almeno 6-7 micron, che consentono di ottenere immagini incise e contrastate per buona parte delle nottate. È assolutamente sconsigliabile seguire la moda del momento, che propone camere digitali dotate di un numero spropositato di pixel con dimensioni minuscole, anche di 2 micron. Molto promettenti sono le nuove camere CMOS raffreddate, che offrono alte sensibilità e un'elettronica di alto livello, a fronte di un costo molto più contenuto dei sensori CCD, ormai fermi alla tecnologia di venti anni fa. Un'ottima camera CMOS è la QHY163 (mono o a colori), o la concorrente ASI 1600, che monta lo stesso sensore da 16 Mp, con pixel da 3.8 micron. Queste camere possono essere usate anche in "binning 2" (che roba è? Lo scopriremo a breve), ottenendo comunque immagini da 4 Mp, con pixel equivalenti dalle dimensioni di 7.6 micron. Per quanto riguarda le camere CCD, che ancora restituiscono risultati migliori quanto a profondità e a dinamica, ci sono le camere basate sul sensore Kaf-8300, vecchio e non particolarmente performante, o sul Kai-4000, migliore ma dall'insolito formato quadrato. Buone sono quelle che montano i sensori Sony, come l'ICX695 da 6 Mp, anche se questi sono caratterizzati dall'avere pixel molto piccoli e un alto rumore termico, che impedisce di fare pose corte alla ricerca della risoluzione. Le aziende produttrici che propongono prezzi più vantaggiosi sono QHY, Moravian, Atik o Starlight Xpress. In alternativa, ci si può indirizzare su sensori scientifici, dei mostri di sensibilità, come il Kaf-1603ME da 2 Mp e il Kaf-3200ME da 3.2 Mp. Di nuovo, il numero dei pixel non ha molta importanza perché, se si lavora al giusto campionamento, gli oggetti celesti hanno estensioni molto minori ed entrano perfettamente nel campo. Questi sensori, tuttavia, oltre al costo elevato (si vedano ad esempio i prezzi delle camere QSI e Moravian) sono di tipo scientifico. Questo gli permette di avere una sensibilità molto maggiore di quelli dedicati alla fotografia estetica, ma a un prezzo. Questo si chiama "blooming", un effetto fastidioso che si verifica quando nel campo sono presenti stelle brillanti che mandano in saturazione i pixel. La carica da loro accumulata straripa in quelli adiacenti e tutte le stelle luminose presentano una strana coda, più lunga quanto maggiore è la loro luminosità. Se intendiamo usare il CCD anche per applicazioni scientifiche, come la fotometria, e ci limitiamo a fotografare solo ammassi globulari, galassie e nebulose planetarie, che sono peraltro i protagonisti di questo progetto, allora non c'è niente di meglio in commercio e il blooming non darà fastidio. Ma se intendiamo usare la camera digitale anche per le nebulose o i grandi campi, questi sensori non si possono usare, perché il campo si riempirà di blooming. Per risparmiare molto denaro, ci si può indirizzare sulle vecchie SBIG ST-8XME e ST-10XME, ormai non più in produzione, che si possono trovare a 3-4 volte di meno del prezzo di un CCD nuovo che monta lo stesso sensore. Personalmente ho comprato una ST-8XME a 1000 euro e una ST-10XME vecchia di soli 7 anni a 1500 euro, con la comodità del secondo sensore di guida incorporato. Le camere CCD SBIG sono famose per essere quasi indistruttibili, con una vita media superiore ai 20 anni;

- **Filtri e ruota portafiltri**. Per camere a colori serve, eventualmente, solo un filtro taglia infrarosso, se la fotocamera non ce l'ha di serie, o il filtro IDAS per ridurre l'inquinamento luminoso. Se vogliamo fare foto a colori con camere monocromatiche serve una ruota motorizzata e un set di filtri. Tutti i produttori di camere CCD astronomiche vendono anche ruote portafiltri motorizzate ottimizzate per i loro prodotti; questa è quindi la scelta migliore. I filtri di base sono i 4 per fare immagini a colori standard: LRGB, a cui potremmo aggiungere anche qualche filtro a banda stretta, come un H-alpha, un OIII e un SII per fare fotografie di nebulose a emissione in falsi colori anche da cieli cittadini, oppure l'IDAS per ridurre l'inquinamento luminoso della luminanza (e qualcuno lo usa anche per i canali colore). Se il sensore ha un formato inferiore a quello di un APS-C, possiamo usare i filtri classici dal diametro di 31.8 mm, i più economici. Per sensori APS-C o superiori, servono filtri di diametro maggiore e ruote portafiltri adatte, altrimenti creeranno ostruzione. In queste situazioni, per non sbagliare, è bene farsi seguire da un esperto del negozio di astronomia che abbiamo scelto per l'acquisto;

- **Correttore di coma**. A meno di non usare un sensore di dimensioni inferiori a 15 mm, ogni telescopio Newtoniano deve essere usato con un correttore di coma dedicato. Il correttore di coma altera il punto di fuoco ed è per questo motivo che bisogna indirizzarsi su Newton fotografici, il cui progetto permette l'inserimento di un correttore e altri accessori, come la guida fuori asse e la ruota portafiltri, mantenendo accessibile il punto di fuoco. Nel caso in cui si opti per un Ritchey-Chrétien o uno Schmidt-Cassegrain aplanatico, in teoria non servono correttori, perché queste configurazioni dovrebbero avere un campo corretto almeno fino alle dimensioni dei sensori full frame;

- **Sistema di autoguida**. Non si hanno possibilità di scelta: guida fuori asse o, per chi se lo può permettere, camera astronomica con doppio sensore. Per chi usa una guida fuori asse, la camera di guida dovrebbe essere più sensibile delle economiche camere usate nel precedente progetto e rigorosamente monocromatica, altrimenti c'è il serio rischio di non avere nel campo stelle abbastanza brillanti. La regina delle camere guida è la Starlight Xpress Lodestar. Non è economica ma vale tutti i soldi spesi e consentirà di trovare sempre almeno una stella nel buio e stretto campo della guida fuoriasse. Chi vuole invece dedicarsi alla banda stretta con camere monocromatiche, faccia attenzione a quelle con il doppio sensore, perché trovare stelle di guida potrebbe diventare una bella impresa.

L'autore, 10 anni prima di scrivere questo libro, posa vicino al setup con cui aveva appena scoperto un pianeta extrasolare in transito e con cui ha ottenuto gran parte delle immagini a lunga posa che illustrano i suoi libri. Newton Skywatcher da 25 cm f4.8, camere CCD con doppio sensore (ST-7XME, ST-2000XCM, ST-10XME) e montatura EQ6 con GOTO.

Fallimentare tentativo di fotografare le Pleiadi con un CCD monocromatico scientifico. In soli 5 minuti di esposizione quasi tutte le stelle del campo sono andate in blooming. Le più brillanti hanno una fioritura (brutta traduzione italiana) lunga quasi tutto il campo. Questi sensori, mostri di sensibilità e dinamica, vanno bene solo per gli oggetti deboli.

9.7 Tecnica di ripresa

Rispetto al progetto precedente bisogna avere ancora più cura per la preparazione del proprio setup e, nel caso si proceda con camere monocromatiche, fare qualche adattamento alla tecnica di acquisizione. Vediamo questo caso, poiché quello con camere a colori è stato già analizzato;

1) Arrivare ben prima del tramonto del Sole e avere chiare le idee su cosa si vuole fotografare. La serata va programmata in dettaglio;

2) Preparare il setup, facendo acclimatare il telescopio almeno per un'ora prima di iniziare la messa a fuoco. Lo stazionamento va fatto in modo accurato, così come la messa in bolla della montatura, per massimizzare la stabilità. Mettersi in un punto riparato dal vento;

3) Curare il bilanciamento. Se si utilizza un Newton, un bilanciamento perfetto non lo raggiungeremo mai, a causa dell'asimmetria del sistema, quindi non perdiamoci la testa. Questo deve essere effettuato nella zona e lungo il percorso che farà l'oggetto che vorremo fotografare durante la notte. Con telescopi così lunghi e pesanti è di solito quasi sempre obbligatorio sbilanciare leggermente entrambi gli assi, secondo le indicazioni date nel precedente progetto;

4) Si esegue la messa a fuoco del sensore principale, poi si regola la guida fuoriasse affinché anche questa risulti a fuoco. Mettere a fuoco questo dispositivo è l'attività più noiosa e fastidiosa dell'intera astronomia amatoriale;

5) Se utilizziamo una camera a colori, dobbiamo solo assicurarci che le singole pose siano ben esposte. Controllando l'istogramma, lo scatto dovrebbe avere un tempo di esposizione tale che il fondo cielo sia almeno tra i 200 e i 1000 ADU sopra il livello di nero del sensore. Attenzione a questo passaggio: molte camere hanno impostato un livello di offset, ovvero al nero

registrato dal loro sensore corrisponde un valore di luminosità superiore a zero nell'istogramma. Di solito l'offset, o livello di bias, è compreso tra 100 e 1000 ADU e dipende dalla camera. La corretta esposizione deve avere il fondo cielo tra i 200 e i 1000 ADU sopra il livello di offset. Per chi usa camere monocromatiche, invece, la tecnica da applicare è senza dubbio la quadricromia LRGB, ma ognuno è sempre incoraggiato a fare prove e a non credere ciecamente all'autore. Il canale di luminanza sarà la media di tanti scatti con esposizione dell'ordine di 5-10 minuti (se si usa un telescopio f4-5), per un totale di almeno 2-3 ore. Le riprese con i filtri colorati possono essere eseguite (anche se a qualcuno non piace) in modalità binning 2, ovvero dimezzando la risoluzione del sensore ma con il vantaggio di guadagnare 4 volte più luce, perché questo utilizzerà una griglia di 4 pixel al posto di uno (ecco svelato il mistero!). Con un'integrazione di almeno mezz'ora per canale (meglio un'ora), con esposizioni di durata simile a quelle della luminanza, si ottiene un'ottima serie RGB. Il programma di gestione della camera può essere quello fornito di serie o uno di terze parti, come MaxIm DL o AstroArt. Pixinsight non si occupa della gestione della ripresa;

6) Ricordarsi delle immagini di calibrazione, questa volta ancora più importanti, soprattutto i flat field, altrimenti avremo a che fare con strani aloni colorati durante l'elaborazione. I dark frame possono essere fatti anche a casa, poiché il controllo della temperatura assicura la ripetibilità dei risultati e la creazione di una libreria da utilizzare almeno per un anno. Se le immagini RGB sono state acquisite in binning 2, serviranno dei dark frame fatti in binning 2. I flat field, invece, sappiamo già che sono unici. Questi, quindi, vanno fatti per ogni filtro e a seconda del binning utilizzato, perché ogni canale ha bisogno dei propri flat field. Possiamo farli all'inizio o alla fine, senza problemi, anche se durante la serata abbiamo cambiato i filtri, ma sempre attraverso la ruota portafiltri motorizzata.

9.8 Tecnica di stacking

In questo caso la tecnica è identica a quanto già visto, solo che va ripetuta per quattro volte. Le foto con i filtri L, R, G e B vanno infatti trattate come se fossero delle sessioni indipendenti, in questa fase. Le immagini di ogni canale, quindi, devono essere calibrate con i rispettivi dark, flat e i dark dei flat (o i bias), poi allineate e sommate per formare le quattro immagini grezze da elaborare. Si consiglia di abbandonare Deep Sky Stacker, troppo semplice per il livello al quale ambiamo e fare un altro investimento, acquistando un programma più completo. Tra questi figura MaxIm DL, che gestisce anche la fase di ripresa, così come AstroArt, oppure PixInsight. Ormai le nostre foto sono così preziose e l'investimento, in tempo e denaro, talmente elevato, che non dobbiamo risparmiare proprio sull'ultimo anello della catena.

9.9 Elaborazione

Qui regna la più assoluta anarchia e anche un po' di omertà da parte degli astrofotografi più esperti, che rivelano con molta reticenza le tecniche apprese in anni di dura pratica.

Sfortunatamente questo è un argomento tanto vasto che è impossibile da trattare in modo approfondito in questo libro e non è neanche il suo scopo, poiché l'obiettivo è insegnare la tecnica base delle varie branche della fotografia astronomica. Per dimostrare che la mia non è omertà, rimando alla bibliografia, dove è possibile trovare due corposi testi in cui si approfondiscono anche le tecniche avanzate di ripresa ed elaborazione, sia della fotografia planetaria che del profondo cielo. Sono in totale più di 800 pagine e raccontano ancora solo una piccola parte del vasto mondo della fotografia astronomica.

Rispetto al progetto precedente, la domanda che ci si pone è: meglio elaborare il canale di luminanza e poi aggiungere il colore alla fine, oppure aggiungere il colore subito, nella fase lineare, poi elaborare l'immagine a colori? Nessuno sa la risposta certa e forse neanche esiste. Qualcuno assembla l'immagine RGB, la scala e la allinea alla luminanza per applicarle il colore, prima di fare qualsiasi altra elaborazione. In questo caso, però, occorre normalizzare i livelli di luminosità delle immagini, altrimenti otterremo un disastro. Qualcun altro, come l'autore, prima si concentra sui dettagli del canale di luminanza, come se fosse una foto già completa e solo alla fine, come ultima operazione, applica il colore. In ogni caso la composizione LRGB si può fare sia automaticamente, con software come MaxIm DL e PixInsight, che a mano, con Photoshop.

Soffermiamoci sull'assemblaggio manuale, così capiremo meglio i passaggi logici. Consideriamo il caso in cui decidiamo di comporre la quadricromia LRGB dopo aver elaborato al meglio il canale L.

Prendiamo le immagini RGB e allineiamole, senza sommarle. Questa operazione si fa con il software usato per lo stacking, ad esempio MaxIm DL. Salviamole in formato tif a 16 bit.

Con Photoshop apriamo le nostre immagini RGB e trasformiamole, se non lo sono già, in immagini a colori. Sono ancora in bianco e nero, naturalmente, è il contenitore immagine a essere cambiato. Consideriamo una delle immagini come riferimento, ad esempio quella scattata nel rosso. Nella finestra "livelli" (se non è attiva: *finestra* → *livelli*) selezionando la scheda "Canali", vedremo i canali R, G e B dell'immagine considerata, che naturalmente sono ancora tutti uguali. L'assemblaggio è allora semplicissimo e forse ci siamo anche arrivati da soli. Sul canale verde bisogna incollarci la nostra immagine ottenuta con filtro verde e sul canale blu quella con il filtro blu: ecco che la tricromia RGB è pronta. Osservando i singoli canali possiamo anche migliorarne l'allineamento. Regoliamo curve e livelli, fino a evidenziare bene sia i dettagli che il fondo cielo e facciamo un buon bilanciamento dei colori. È fondamentale che il fondo cielo sia completamente neutro (grigio) e non abbia macchie o gradienti di colore, che nel caso sono da correggere, ad esempio con le azioni di Astronomy Tools, in particolare quelle dedicate alla rimozione dei gradienti di colore e alla correzione delle eventuali macchie di colore (color blotch). Per preparare l'immagine RGB per colorare la luminanza non è necessario concentrarsi sui filtri di contrasto o stretch estremi. L'importante è che siano soddisfatte le seguenti condizioni:

- Fondo cielo neutro, anche a costo di tagliare l'istogramma alle basse luci;
- Stelle di diametro comparabile con quelle dell'immagine di luminanza. In generale, quindi, bisogna ridurle, soprattutto se abbiamo ripreso i canali colore in binning 2;
- Rumore assente. Questa condizione si raggiunge sia non spingendo troppo l'elaborazione che con eventuali filtri antirumore, anche aggressivi (evvai!). Poiché il dettaglio rimarrà quello del canale di luminanza, in questa situazione ci si deve concentrare solo sul colore. È comunque vero che non bisogna spianare tutti i dettagli, perché se la risoluzione è troppo diversa da quella del canale di luminanza i colori non verranno applicati bene. Di solito l'immagine RGB è brutta a livello di dettaglio, molto morbida, quasi sfocata, con stelle piccole ma colorate, quindi occhio a non tirare troppo curve e livelli. Questa deve avere una profondità simile al canale di luminanza. Se la profondità raggiunta non è confrontabile, è facile che le zone più deboli non vengano colorate perché non sono state riprese nell'immagine RGB. Anche per questo motivo si fotografa in binning 2, affinché si raggiunga un'ottima profondità con tempi di integrazione ridotti.

L'immagine RGB è pronta e in teoria, ora, sappiamo già cosa fare perché è stato detto in un lontano progetto. Riscaliamola alle dimensioni della luminanza e incolliamola su di essa come nuovo livello, dopo aver trasformato l'immagine L modalità colore. Sovrapponiamo, anche manualmente, i livelli, poi selezioniamo il metodo di fusione "Colore" per l'immagine RGB. Ecco che la nostra luminanza acquista solo il colore del livello superiore. Ci sarà forse da fare qualche aggiustamento, soprattutto ai livelli di luminosità, che nella versione monocromatica tendono a essere un po' troppo elevati, ma non è nulla di complicato.

Ora che abbiamo capito come agisce la tecnica LRGB possiamo sbizzarrirci a comporla con qualsiasi programma e in ogni fase dell'elaborazione.

9.10 Errori più comuni

Senza più il telescopio di guida, siamo finalmente liberi da quelle odiose flessioni. Usando strumenti a specchio ci siamo liberati, al costo di poche centinaia di euro, anche dell'aberrazione cromatica. Che bello! Non culliamoci troppo sugli allori, però, perché per un problema che se ne va ce ne sono altri pronti a prendere il suo posto:

- Il telescopio è rotolato di sotto a causa di un calcio volante sferrato dopo la quindicesima ora di regolazione, vana, della guida fuori asse. Forse sono arrivato troppo tardi in questo caso, ma è vero che la messa a fuoco della guida fuori asse può essere un grosso problema. Prima di tutto, durante l'acquisto, farsi sempre consigliare dal venditore su quale sia la migliore scelta per il proprio setup. Per i Newton fotografici, ad esempio, potrebbero servire guide più sottili, altrimenti potrebbe non raggiungersi la messa a fuoco. Sperando che non sia questo il caso, il consiglio è quello di regolare la guida fuoriasse a casa, di giorno, come quando dovevamo allineare il cercatore del nostro primo telescopio. Montiamo il setup di ripresa, puntiamo un panorama lontano almeno qualche chilometro, facciamo il fuoco della camera principale attraverso le manopole del telescopio, poi vediamo che succede alla camera collegata alla guida fuori asse. Agiamo sulla messa a fuoco della guida, che per le più semplici vuol dire estrarre o far rientrare a mano la camera, fino a trovare la posizione di fuoco. Serrare tutto e non toccare più nulla. Conosco molti astrofotografi che addirittura non estraggono più la camera di guida dalla guida fuoriasse, memori di quanto hanno sofferto per la messa a fuoco;

- Macchia nera sul bordo del campo del sensore principale, presente in ogni foto. Pensavamo di aver regolato i conti con la guida fuoriasse, ma lei è sempre pronta a sorprenderci. Il prisma che intercetta parte della luce è infatti troppo interno al fascio ottico e copre parte del sensore principale. Bisogna estrarlo un po', della quantità appena sufficiente per far sparire la sua ombra. Questo implica anche dover regolare di nuovo la messa a fuoco (divertente, vero?);

- Grafico di guida che somiglia a un sismografo durante una forte scossa di terremoto e conseguente immagine sfocata, con stelle allargate. Se gli errori hanno lo stesso andamento per entrambi gli assi e l'effetto non cambia se si modificano i parametri di aggressività della guida o la velocità di guida, allora stiamo fotografando in una serata di brutto seeing. Per fare la prova possiamo sospendere gli impulsi e vedere cosa succede alla stella guida: se si deforma e si sposta in modo casuale e repentino, allora è proprio così. Non possiamo fare nulla se non rimandare la foto, o accontentarci di quello che passa il convento;

- Grafico di guida molto diverso tra ascensione retta e declinazione. Entro certi limiti è normale perché la declinazione, se lo stazionamento è perfetto, non richiederebbe neanche l'autoguida. Ben altra cosa sull'asse di ascensione retta, che è sempre in movimento. Con scale dell'immagine spinte è possibile che le imperfezioni degli ingranaggi, soprattutto della vite senza fine, non vengano corrette del tutto e il grafico di guida mostri un andamento sinusoidale su tempi scala di una decina di minuti. Non c'è molto da fare: questo è il limite meccanico della montatura, che si risolve, forse, cambiando la vite senza fine. Una soluzione più facile prevede di accorciare le esposizioni a 4-5 minuti massimo;

- Stelle sfocate, nonostante guida e fuoco perfetti. Il grosso problema dei grandi telescopi è la loro sensibilità alla temperatura. Se questa varia molto nell'arco della notte, le contrazioni dei materiali fanno spostare il punto di fuoco. È un problema che capita sempre, soprattutto durante le prime due ore quando, a causa di un acclimatamento ancora precario, le contrazioni dei materiali sono massime. Bisogna imparare a controllare la messa a fuoco almeno ogni ora. Non serve interrompere la sessione, basta osservare la puntiformità delle stelle dell'ultima immagine scattata o della stella di guida. Un trucco molto efficace, per chi usa Newton o Ritchey-Chrétien è controllare gli spike attorno alle stelle brillanti vicino al centro del campo. Se questi sono ancora sottili e ben definiti, l'immagine è a fuoco. Una piccola sfocatura si evidenzia come uno sdoppiamento degli spike.

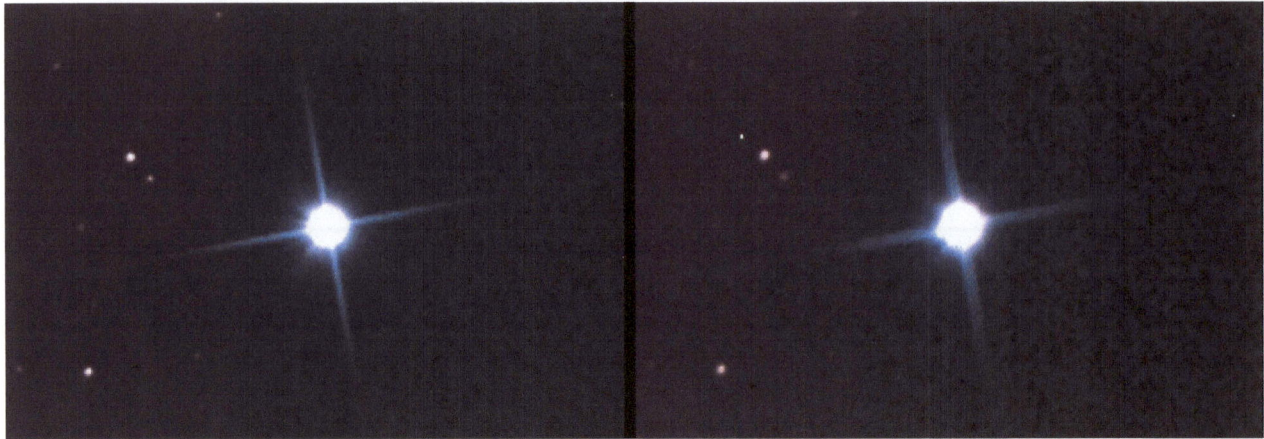

Un errore molto frequente: la sfocatura. Si inizia la serata a fuoco, a sinistra, e dopo qualche decina di minuti l'immagine è sfocata. È una situazione normale con i grossi telescopi. Controllare la corretta messa a fuoco periodicamente. Se si usa uno strumento a specchi, come un Newton o un Ritchey-Chrétien, il sostegno del secondario produce la tipica raggiera attorno alle stelle brillanti. Se questa è nitida e sottile, come nell'immagine a sinistra, siamo a fuoco. Se è sdoppiata, come a destra, siamo sfocati. Attenzione: gli spike possono diventare meno definiti anche a causa di una guida non perfetta o di forte turbolenza atmosferica. Se però sono doppi e le stelle non sono allungate, allora è sicuramente sfocatura.

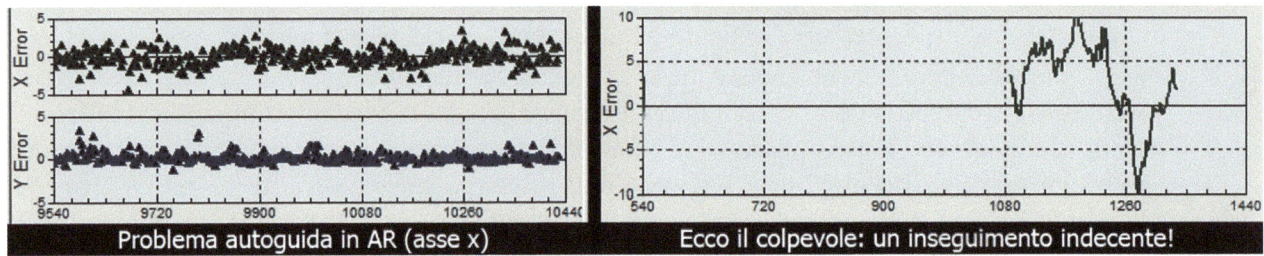

Limite meccanico di una montatura iOptron iEQ45 prima versione, in ascensione retta. A sinistra si vede il grafico di autoguida; in alto l'andamento sinusoidale dell'ascensione retta. A destra il colpevole: disattivando le correzioni, si nota come il moto di inseguimento sia molto instabile, dovuto alla scarsa precisione di lavorazione della vite senza fine. L'errore periodico è tutto sommato contenuto, ma si verificano dei salti di quasi 10 secondi d'arco in meno di 20 secondi. Questi picchi improvvisi non verranno mai corretti dall'autoguida, perché troppo repentini. La scala degli errori è in pixel. Il campionamento utilizzato è di 1.27 secondi d'arco su pixel. Una montatura di questo tipo non è indicata per fare fotografia astronomica con piccole scale dell'immagine.

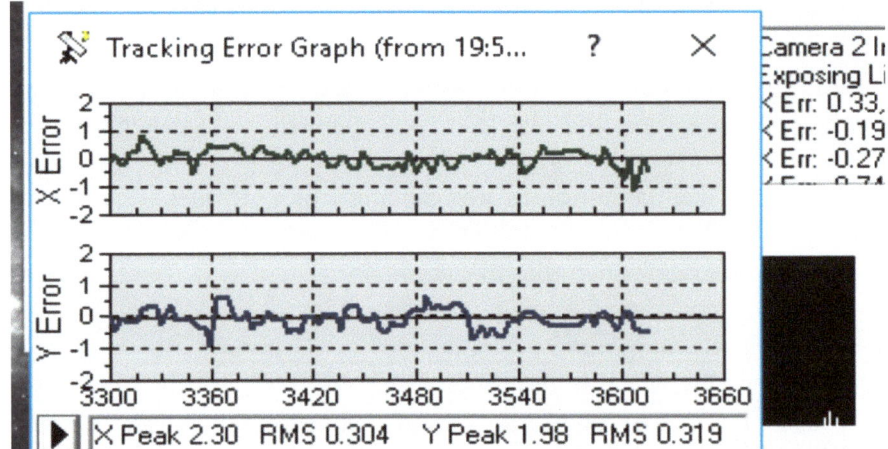

Massima precisione raggiungibile in autoguida con montature economiche e condizioni perfette di turbolenza atmosferica. Questo è il grafico di autoguida di una EQ6 prima serie, con sistema di inseguimento tramite cinghie e pulegge, utilizzata con un Newton da 25 cm di diametro f4.8 e camera CCD con doppio sensore SBIG ST-10XME. La scala in ascissa è in pixel. Il campionamento è di 1.27 secondi d'arco per pixel. Gli errori medi sono dell'ordine di ±0.39 secondi d'arco per l'ascensione retta e ±0.41 secondi d'arco per la declinazione. Più importante è il loro andamento casuale, segno che il limite non è ancora la meccanica ma il seeing. Questo è il meglio che si può fare dalle latitudini italiane. Montature con meccanica più precisa (e molto più costosa) non permetteranno di raggiungere precisioni migliori.

9.11 Suggerimenti per migliorare

Provare, provare e ancora provare, ma senza ripetere tutto allo stesso modo con la vana speranza di arrivare a un risultato diverso. Per migliorare dobbiamo almeno cambiare errore. Gran parte del successo della fotografia deep-sky ad alta risoluzione dipende dalle condizioni atmosferiche e dalla nostra abilità nello sfruttarle in pieno. Questo significa che dobbiamo lavorare con telescopi sempre collimati, con correttori di coma montati alla giusta distanza dal sensore, con tempi di esposizione non troppo lunghi e con montature dalla meccanica impeccabile.

Con le moderne camere CMOS raffreddate, che possiedono un rumore di lettura bassissimo, la tecnica di ripresa si sta rivoluzionando e i risultati migliorano, almeno dal punto di vista della risoluzione. Con i CCD, infatti, che hanno un rumore di lettura anche 10 volte più elevato, è necessario fare esposizioni abbastanza lunghe affinché il fondo cielo sia ben staccato dal livello nullo, altrimenti si confonderebbe con il rumore di lettura. Con le camere CMOS raffreddate possiamo permetterci di accorciare le pose quasi fino al limite della luminosità nulla del fondo cielo. Questo consente di fare esposizioni singole di 2-3 minuti e per gli oggetti più brillanti, come tutti gli ammassi globulari e le piccole nebulose planetarie, anche di appena 10-20 secondi. In pratica siamo quasi nella situazione dell'imaging planetario, in cui si può raggiungere un'elevata risoluzione grazie anche al successivo processo di selezione dei migliori frame in fare di stacking. In questa configurazione non è eccezionale arrivare a risoluzioni inferiori al secondo d'arco nelle migliori serate.

Considerando anche questa nuova visione, un grande miglioramento, più di quanto si possa pensare, si ottiene utilizzando proprio strumenti molto aperti. Un Newton da 25 cm f4-5, ad esempio, dal costo di poche centinaia di euro, è anni luce avanti rispetto ai risultati offerti da telescopi con rapporto focale f8, come ad esempio i Ritchey-Chrétien o gli Schmidt-Cassegrain, anche se usati con un riduttore di focale. Chi ha potuto provare entrambe le configurazioni non ha più abbandonato il Newton.

Per quanto riguarda l'integrazione, soprattutto se si usano telescopi molto veloci, questa comincia a diventare secondaria quando si raggiungono le 5-6 ore di luminanza dai cieli medi italiani (magnitudine 21.2-21.5 per ogni secondo d'arco quadrato). Oltre questa soglia il miglioramento è molto lento, perché il limite diventa il cielo. D'altra parte, non pensiamo di poter ottenere straordinarie fotografie dal centro di una città facendo integrazioni di 50-100 o 1000 ore (a meno che non lavoriamo in banda strettissima). Il risultato potrà anche essere gradevole, ma avrà la stessa profondità di un'integrazione di mezz'ora scarsa fatta da un cielo scuro, nella migliore delle ipotesi.

9.12 Risultati

Siamo arrivati al capolinea del nostro percorso, alla cima di quella montagna che all'inizio sembrava irraggiungibile. Questo è infatti il progetto più impegnativo ma anche spettacolare, perché ci consente di esplorare l'Universo con il nostro telescopio, arrivando fino a miliardi di anni luce di distanza. Questo basta per ripagare di tutti i sacrifici fatti per arrivare fin qui.

Noi, però, non ci dobbiamo sentire arrivati. Anche se non potremo utilizzare telescopi più grossi o sconfiggere la turbolenza atmosferica, le sfide tecniche da vincere ci terranno impegnati per anni prima di arrivare al limite fisico della strumentazione. Anche quando avremo finito gli oggetti da fotografare, il tempo passato dalla prima fotografia sarà stato talmente lungo che riguardandola, forse, ci disgusterà. E allora ricominceremo daccapo la lista, cercando di ottenere sempre di meglio. Perché, anche se i soggetti restano gli stessi, quello che cerchiamo di rappresentare con la fotografia astronomica diventa sempre più vicino alla straordinaria realtà di un Universo incredibile, più ricco di colori e sfumature di tutte le opere d'arte raccolte in tutti i musei della Terra.

Non mi resta quindi che augurare buona fotografia astronomica a tutti e buona vita, certo che gli insegnamenti che impareremo mettendo in pratica i progetti di questo libro serviranno anche per capire molti aspetti sottovalutati delle nostre esistenze. E buon divertimento, perché il fine ultimo è proprio questo!

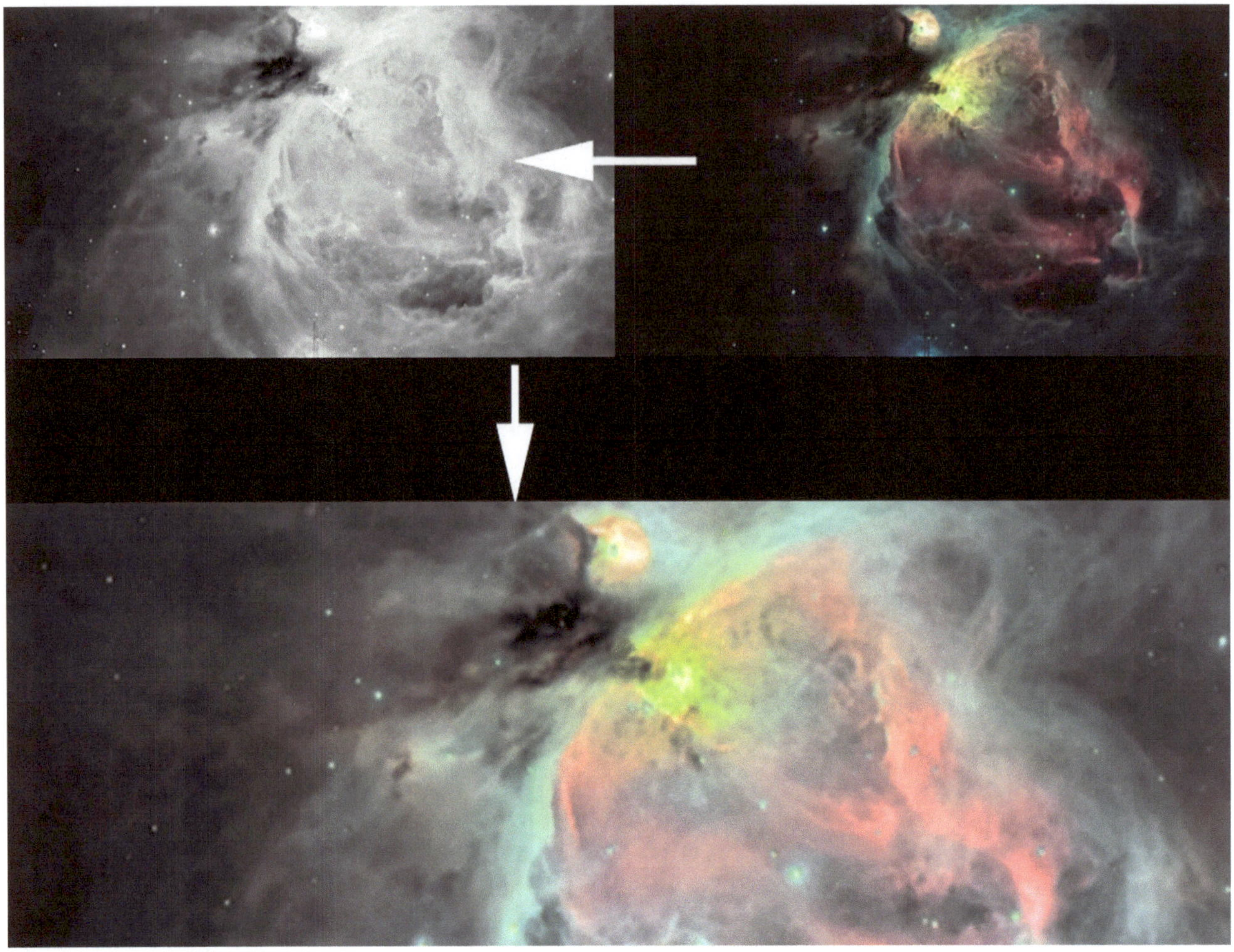

Ecco cosa succede quando si cerca di colorare un ottimo canale di luminanza con una pessima tricromia RGB. Il segnale non presente nella tricromia non potrà dare alcun colore e il risultato sarà un'immagine piuttosto brutta. Occorre sempre prestare molta attenzione all'acquisizione dei canali colore e dedicargli la giusta integrazione.

L'esperienza insegna. Stesso strumento, stessa montatura, stessa camera digitale monocromatica, ma ben 10 anni di differenza tra queste due immagini. A sinistra, tipica ripresa di chi inizia a destreggiarsi con strumenti impegnativi e camere monocromatiche. I difetti abbondano: stelle sfocate, probabilmente a causa dello spostamento del fuoco durante la serata, e allungate, a causa dell'autoguida non precisa. Il nucleo è saturo e l'immagine sembra priva di dinamica, a causa delle lunghe esposizioni usate. Per la luminanza, infatti, si sono mediate solo 4 pose da 30 minuti ciascuna. L'elaborazione è inoltre troppo contrastata. I colori sono troppo accesi e mancano nelle porzioni meno luminose della galassia. I più attenti noteranno anche un gradiente di luce nel lato destro. A destra la rivincita dell'autore, con un'immagine equilibrata, senza gradienti, correttamente a fuoco, ben esposta (45X300 secondi per la luminanza e 6X300 secondi per ogni canale colore, in binning 2) e con l'autoguida che ha prodotto il grafico eccezionale di pagina 86.

Anche con le camere a colori ci si diverte, basta avere un telescopio luminoso e un ottimo cielo. Nebulosa Testa di Cavallo ripresa con un Newton da 25 cm f4.8 e camera CCD a colori SBIG ST-2000XCM. Integrazione: 26X720 secondi, 5.2 ore.

Uno dei migliori risultati a cui si può ambire dai cieli italiani. La galassia M81 immersa nelle polveri e nei gas della Via Lattea. Ripresa eseguita con Newton da 25 cm f4.8, montatura EQ6, camera CCD scientifica SBIG ST-10XME per la luminanza (53X300) e CCD a colori ST-2000XCM per i colori (26X720). Totale: 9.6 ore, raccolte in due serate.

NGC7293, (Helix), soprannominata anche occhio di Dio. Splendida nebulosa planetaria molto vicina alla Terra (650 anni luce) estesa per circa 3 anni luce. Newton 25 cm f4.8, montatura EQ6, camera CCD a colori ST-2000XCM e monocromatica ST-10XME. Integrazione: 8 ore. 8 agosto 2016, 28 luglio 2017.

NGC4631, detta galassia Balena, una spirale vista di profilo nei Cani da Caccia. Distanza: 12 milioni di anni luce. Newton 25 cm f4.8, montatura EQ6, camera CCD mono ST-10XME. Integrazione: 5,3 ore con esposizioni di 5 minuti. Tecnica LRGB con canali colore acquisiti in binning 2. Integrazione: 30 minuti per canale. 7-27 maggio 2017.

Approfondimento: *Elaboriamo insieme un'immagine CCD monocromatica*

Vediamo insieme il percorso che trasforma un'ottima sessione fotografica in un'ottima fotografia. Quanto stiamo per vedere è puramente indicativo: le operazioni e i programmi utilizzati dipendono dal gusto personale dell'autore. Quello che dovrebbe rimanere in mente è il procedimento logico che giustifica ogni operazione e lo spirito critico con cui si osservano tutti i vari passaggi elaborativi. Come vedremo, questi non sono molti e si concentrano su: 1) Stretch, affinché si veda tutta la profondità dell'immagine; 2) Enfatizzazione dei contrasti; 3) ritocchi estetici, come la riduzione delle stelle. Quest'ultima è una fase opzionale che ha il mero scopo di presentare ai nostri occhi un'immagine più gradevole. Ricordiamoci, dunque, che stiamo semplicemente giocando con un'illusione.

L'immagine che andremo a elaborare raffigura la galassia M33, fotografata con un telescopio Newton Skywatcher da 130 mm f5 su montatura EQ6. Camera CCD monocromatica scientifica SBIG ST-10XME con doppio sensore di guida. Per la luminanza sono state acquisite 53 immagini da 5 minuti in binning 1, mentre per il colore sono state fatte 8 esposizioni da 5 minuti per ogni canale RGB, in binning 2. Tutti gli scatti sono stati calibrati con i relativi master flat e master dark frame. Iniziamo!

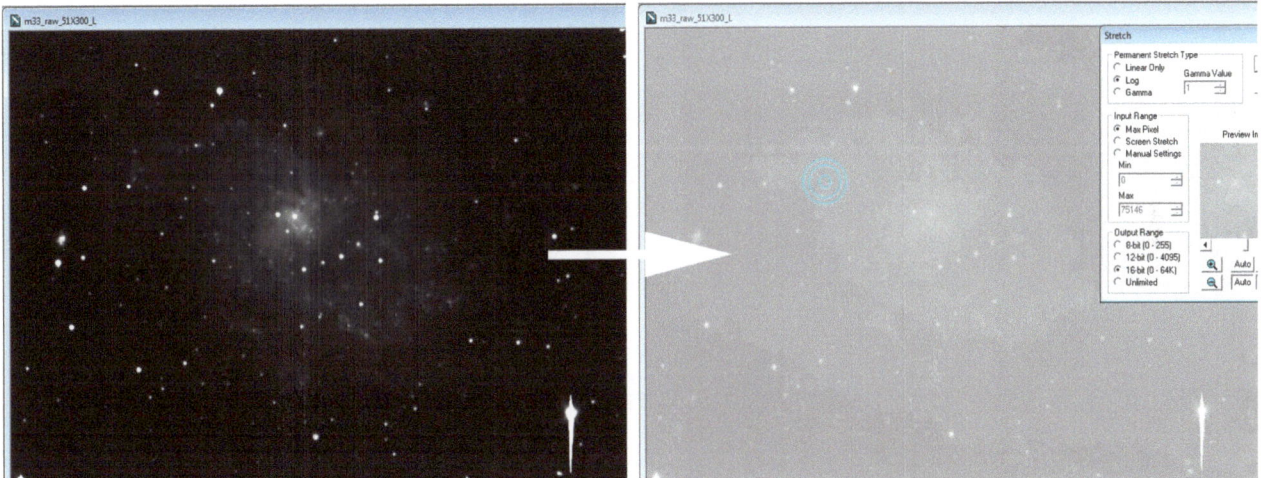

Elaboriamo la luminanza; del colore ci preoccuperemo alla fine. A sinistra l'immagine grezza, come al solito impossibile da visualizzare correttamente in tutta la sua gamma di grigi. Cosa fare? Un bello stretch, ma questa volta con un programma apposito. In questo caso si è utilizzato MaxIm DL e lo stretch logaritmico. Gli stretch di PixInsight sono anche più potenti.

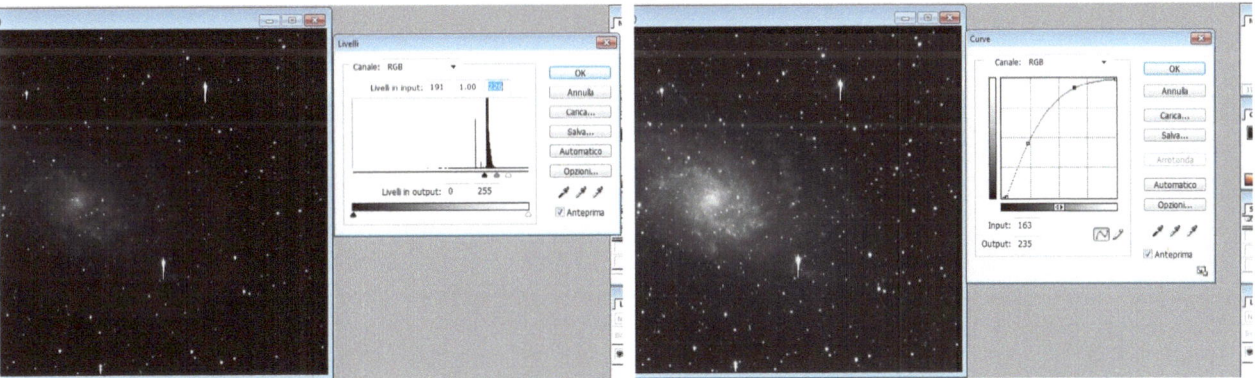

Dopo aver salvato l'immagine in tif a 16 bit la importiamo in Photoshop e la trasformiamo in immagine a colori RGB. Regoliamo in modo grossolano i livelli (a sinistra), poi passiamo alle curve. L'obiettivo è sempre lo stesso: non saturare le zone più luminose (in questo caso il nucleo) e non azzerare la luminosità del fondo cielo. Questo modo di procedere ha dei limiti, perché le regioni più deboli sono ancora immerse nel fondo cielo. Se continuiamo a deformare la linea delle curve, arriveremo ad appiattire i livelli di luminosità delle regioni più brillanti. Occorre trovare il modo di mascherare queste e lavorare solo sulle zone meno luminose. Come?

Facciamo una selezione a mano attorno alla regione più brillante, la sfumiamo di 100 pixel, la invertiamo e regoliamo, dolcemente, le curve in modo da rendere meno netto lo stacco tra la regione più brillante e i dettagli dell'alone.

C'è ancora margine, quindi allarghiamo la selezione di 100 pixel e regoliamo di nuovo le curve. Ora l'alone esterno è più evidente ma la dolcezza delle regolazioni ha evitato di creare un'orribile opera d'arte. L'immagine non mostra più nulla dal punto di vista dei dettagli deboli, quindi possiamo passare alla successiva fase estetica.

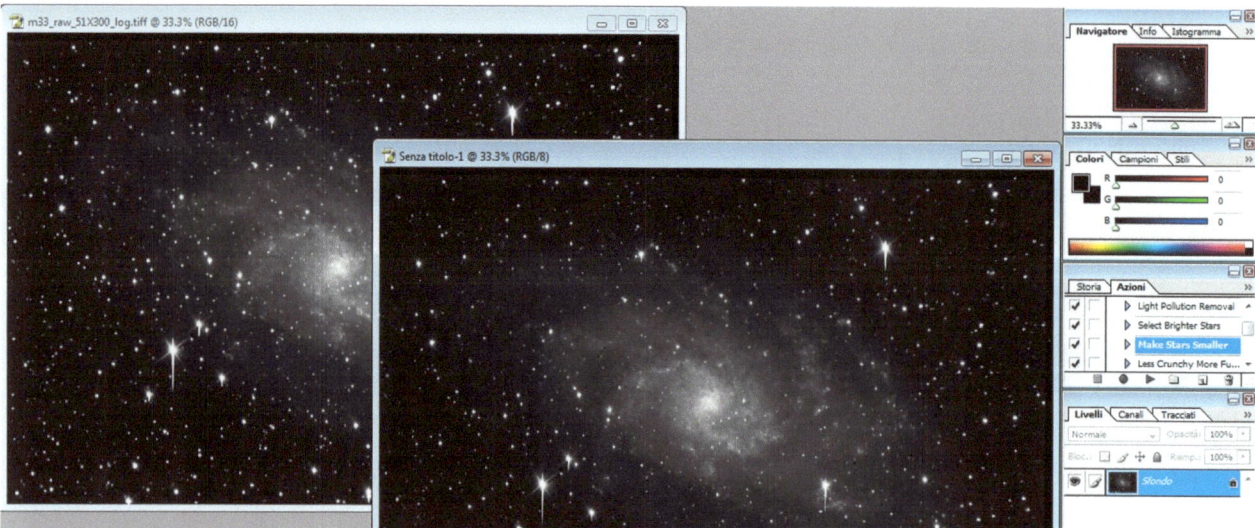

Riduciamo le dimensioni delle stelle. La ricetta personale è la seguente: copiare l'immagine in un nuovo file ed eseguire la riduzione delle stelle con le azioni di Astronomy Tools per due-tre volte. Le stelle sono ben ridotte ma ci sono artefatti sul fondo cielo. La soluzione? Semplice: prendere da questa versione solo le stelle, senza toccare il resto.

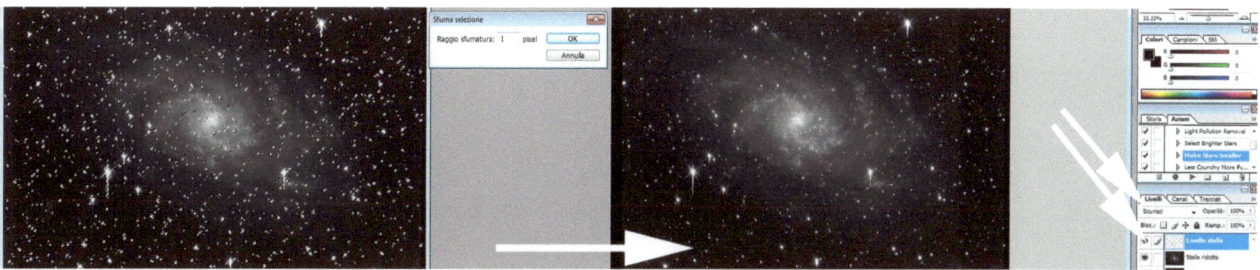

Copiamo l'immagine con le stelle ridotte sopra la versione precedente, selezioniamo con lo strumento bacchetta magica tutto il fondo cielo, comprese le regioni della galassia (a sinistra), invertiamo la selezione, allarghiamola di 2-3 pixel, sfumiamola di uno. Ora copiamo e incolliamo come nuovo livello il contenuto della selezione del livello con le stelle ridotte. Avremo un nuovo livello. Eliminiamo quello dell'immagine con le stelle ridotte e al nuovo livello assegniamo il metodo di fusione "Scurisci". Le stelle "buone" sostituiranno quelle grosse della versione precedente.

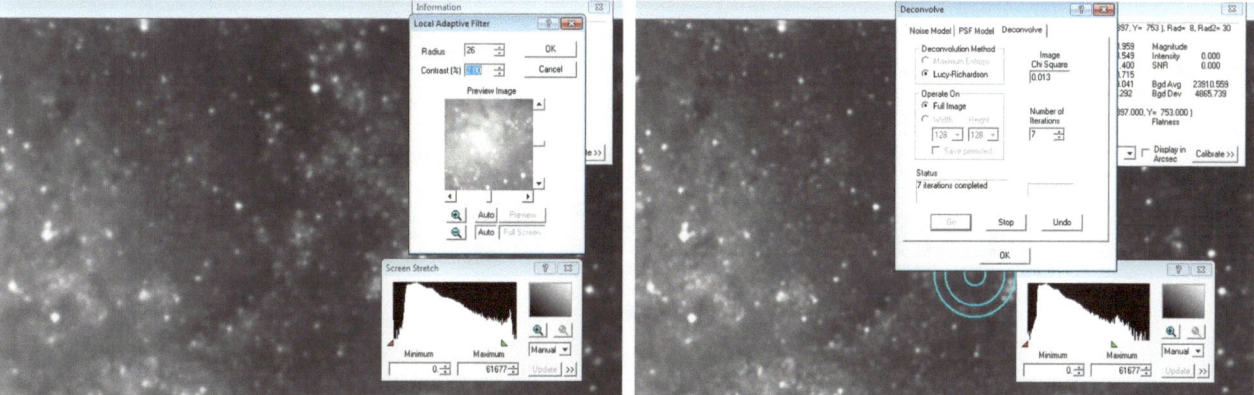

Osservando l'immagine al 200% ci si accorge che il rumore non c'è e i contrasti sono ancora bassi. Questo ci stimola a fare qualcosa. In questo caso è stato applicato un filtro adattivo con MaxIm DL (a sinistra), simile all'effetto che produce il Local Hystogram Equalizator di PixInsight. Come tocco finale, possiamo migliorare la nitidezza facendo una deconvoluzione (a destra). Quella di PixInsight è più efficace ma in questo caso anche MaxIm DL ha lavorato bene. Ora l'immagine è più definita; i bracci di M33 sono più contrastati. Bonus: non c'è ancora rumore, grazie alla generosa integrazione.

Un'occhiata generale ci convince che la luminanza è pronta. Ogni nuovo intervento non potrà che peggiorare la situazione, dal punto di vista dei contrasti, del bilanciamento generale e del rumore. Ricordiamo che gli oggetti del profondo cielo non sono mai netti come le lame di un rasoio, quindi un aumento del contrasto troppo marcato produrrebbe una foto non corrispondente alla realtà. Passiamo quindi al colore.

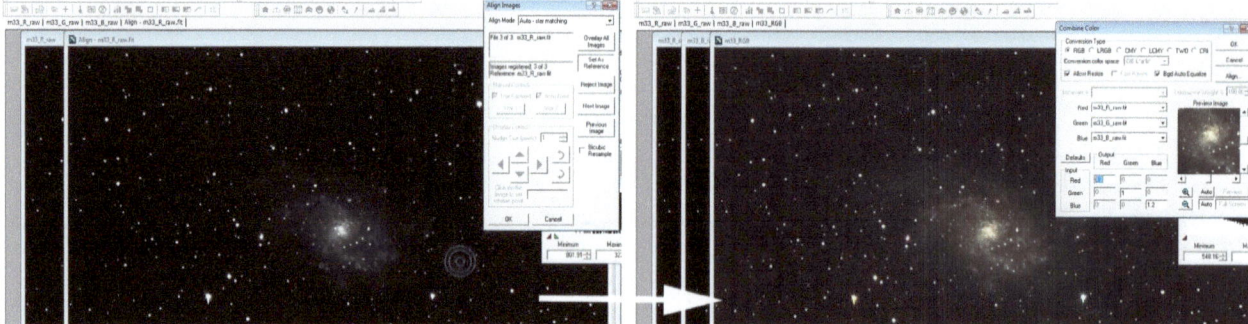

Ogni set di esposizioni di ogni canale va trattato in modo indipendente. Alla fine avremo un'immagine grezza per canale. Con MaxIm DL possiamo allineare le immagini (a sinistra), poi comporre la tanto attesa tricromia RGB (a destra). Questa è la nostra immagine di partenza. È bene fare lo stesso stretch logaritmico e ricordare che l'obiettivo è che questa versione RGB mostri una profondità simile alla luminanza e colori ben bilanciati. Molti dettagli estetici li possiamo ignorare.

Torniamo a Photoshop. Dopo qualche passaggio di curve e di riduzione delle stelle (necessaria affinché i diametri stellari siano confrontabili, altrimenti avremo degli aloni colorati!), possiamo assemblare l'immagine a colori. Allineiamo la tricromia RGB alla luminanza (anche in automatico con MaxIm DL), poi incolliamola come nuovo livello sull'immagine che vogliamo colorare. Impostiamo il metodo di unione su "Colore" e uniamo i livelli. Come per magia la nostra luminanza avrà i colori! Saranno ancora da bilanciare, ma questa è un'operazione relativamente semplice. Naturalmente, se necessario, possiamo intervenire ancora sui contrasti della neonata foto LRGB. Come si può notare, non sono stati utilizzati filtri anti rumore. Se il segnale raccolto è buono e l'elaborazione adeguata a ciò che abbiamo catturato in fase di ripresa, non c'è bisogno di far comparire rumore per poi cercare di eliminarlo.

Ecco l'immagine finale. Le sfumature di colore sono gusti personali, ma bilanciamento e dettagli sono oggettivi.

Bibliografia

Tutti i seguenti libri sono stati scritti dall'autore, quindi sono super consigliati.

Testi di astronomia pratica
- Tecniche, trucchi e segreti della fotografia astronomica. *Amazon-Createspace 2015*
- Come rilevare esopianeti con il proprio telescopio *Amazon 2014.*
- Astronomia amatoriale 2.0: idee originali per osservare e fotografare il cielo. *Amazon 2014*
- Che spettacolo, ho visto Saturno! Guida del cielo per giovani e adulti. *Amazon 2013.*
- Tecniche, trucchi e segreti dell'imaging planetario: Il manuale completo per riprendere in alta risoluzione i corpi del Sistema Solare. *Amazon-Createspace 2013*
- Sotto il magnifico cielo d'Australia: Diario di viaggio nell'Australia tra natura, lo spettacolo del cielo australe e l'eclisse totale di Sole. *Amazon-Createspace 2013*
- Astronomia per tutti: 12 volumi di astronomia pratica e teorica. *Amazon-Createspace 2013*
- La mia prima guida del cielo: Mappe, miti e oggetti da osservare delle costellazioni visibili dall'Italia. *Lulu 2012*
- Astrofisica per tutti: scoprire l'Universo con il proprio telescopio. *Lulu 2012*
- L'Universo in 25 centimetri: tutto quello che è possibile fare con una camera planetaria e un telescopio amatoriale. *Springer 2011*
- Primo incontro con il cielo stellato: Il manuale più completo per avvicinarsi all'osservazione consapevole del cielo. *Lulu 2011*

Testi di astronomia divulgativa
- I colori dell'Universo. Esplorare l'Universo attraverso 110 fotografie e i loro straordinari colori. *Amazon-Createspace 2017.*
- La straordinaria bellezza dell'Universo. Viaggio nelle meraviglie e nei misteri dell'Universo grazie a splendide fotografie a colori. *Amazon-Createspace 2016*
- La spettacolare vita delle stelle. Astronomia per ragazzi. *Amazon-Createspace 2015.*
- Vita nell'Universo: eccezione o regola? Viaggio nello spazio alla ricerca di eventuali forme di vita extraterrestri. *Amazon-Createspace 2013*
- Volando sulla Luna: Esplorare il nostro satellite con un telescopio amatoriale. Decine di immagini amatoriali della Luna ottenute con il mio telescopio e una panoramica sull'osservazione e l'esplorazione del nostro vicino di casa. *Amazon 2013*
- Nella mente dell'Universo: Viaggio attraverso le incredibili proprietà della Natura e la stupefacente genialità degli esseri umani. *Lulu 2012*
- 125 domande e curiosità sull'astronomia. *Amazon 2013*
- Sulle spalle di un raggio di luce: domande di astronomia di un bambino che osserva il cielo con suo padre. *Lulu 2012*
- Conoscere, capire, esplorare il Sistema Solare: Misteri, meraviglie e speranze nella straordinaria avventura dell'osservazione e dell'esplorazione del nostro vicinato cosmico. *Lulu 2012*
- Galassie: proprietà, formazione ed evoluzione dei mattoni dell'Universo. *Lulu 2011*

Altri testi
- Ora il mondo saprà tutto. Romanzo di (fanta)scienza e avventura a tema astronomico. *Amazon 2013*
- Elettrostatica: Proprietà e grandezze associate ai campi elettrostatici. *Lulu 2011.*

Biografia

Daniele Gasparri,
Laurea triennale in astronomia e laurea magistrale in astrofisica e cosmologia all'università di Bologna, divulgatore scientifico di professione, è nato il 24 agosto 1983 nella campagna Umbra tra Perugia e Terni.

La passione per il cielo è sbocciata in occasione del suo decimo compleanno, quando ha ricevuto per regalo un binocolo astronomico. Da quel momento l'astronomia ha rappresentato gran parte della sua vita e condizionato tutte le scelte più importanti.

Ha collaborato dal 2007 al 2015 con la rivista di astronomia Coelum. Al suo attivo ha oltre 100 articoli e alcune pubblicazioni su riviste internazionali divulgative e accademiche (*Sky and Telescope*, *Astronomy and Astrophysics*).

È stato il primo al mondo a scoprire un pianeta extrasolare con strumentazione amatoriale (HD17156b) e a separare, insieme all'astrofilo Antonello Medugno, la coppia Plutone-Caronte.

È un fotografo del cielo che ama viaggiare nei posti più sperduti del Pianeta per ammirare i tesori dell'Universo, come le aurore boreali e l'incontaminato cielo dell'emisfero australe.

La passione per la divulgazione lo porta spesso a tenere corsi di astronomia, conferenze e serate pubbliche.

È stato consigliere dell'UAI, l'Unione Astrofili Italiani, e presidente dell'associazione astrofili Paolo Maffei di Perugia. Inoltre, come si sarà notato, ama scrivere libri. Questo è il suo 35 esimo, facendo di lui il divulgatore under 40 più prolifico d'Italia.